高等学校电子与电气工程及自动化专业系列

控制系统仿真

主编　党宏社

主审　段晨东

西安电子科技大学出版社

内 容 简 介

本书根据控制系统的特点，重点阐述如何利用 MATLAB 工具解决实际工程问题。全书共分为 5 章，即控制系统仿真概述，MATLAB 基础及其使用初步，控制系统模型及转换，控制系统的仿真分析，控制系统仿真实验。

本书可作为自控、电子和通信类专业本科生的教材，也可供有关工程技术人员参考。

图书在版编目（CIP）数据

控制系统仿真/党宏社主编. －西安：西安电子科技大学出版社，2008.3(2021.7 重印)
ISBN 978 - 7 - 5606 - 1946 - 0

Ⅰ. 控⋯　Ⅱ. 党⋯　Ⅲ. 自动控制系统－数字仿真－高等学校－教材　Ⅳ. TP273

中国版本图书馆 CIP 数据核字(2007)第 187472 号

策划编辑　马乐惠　郭建明
责任编辑　杨宗周
出版发行　西安电子科技大学出版社(西安市太白南路 2 号)
电　　话　(029)88202421　88201467　　　邮　　编　710071
网　　址　www. xduph. com　　　　　　电子邮箱　xdupfxb001@163. com
经　　销　新华书店
印刷单位　广东虎彩云印刷有限公司
版　　次　2008 年 3 月第 1 版　2021 年 7 月第 5 次印刷
开　　本　787 毫米×1092 毫米　1/16　印 张 15
字　　数　351 千字
印　　数　8001～8500 册
定　　价　32.00 元
ISBN 978 - 7 - 5606 - 1946 - 0/TN

XDUP 2238001 - 5
＊＊＊如有印装问题可调换＊＊＊

高 等 学 校

自动化、电气工程及其自动化、机械设计制造及自动化专业

系列教材编审专家委员会名单

主　任：张永康

副主任：姜周曙　刘喜梅　柴光远

自动化组

组　长：刘喜梅（兼）

成　员：（成员按姓氏笔画排列）

　　　　韦　力　王建中　巨永锋　孙　强　陈在平　李正明

　　　　吴　斌　杨马英　张九根　周玉国　党宏社　高　嵩

　　　　秦付军　席爱民　穆向阳

电气工程组

组　长：姜周曙（兼）

成　员：（成员按姓氏笔画排列）

　　　　闫苏莉　李荣正　余健明

　　　　段晨东　郝润科　谭博学

机械设计制造组

组　长：柴光远（兼）

成　员：（成员按姓氏笔画排列）

　　　　刘战锋　刘晓婷　朱建公　朱若燕　何法江　李鹏飞

　　　　麦云飞　汪传生　张功学　张永康　胡小平　赵玉刚

　　　　柴国钟　原思聪　黄惟公　赫东锋　谭继文

项目策划：马乐惠

策　　划：毛红兵　马武装　马晓娟

前　言

　　仿真实验作为一种科学研究手段和实物实验的补充，具有不受设备和环境条件限制、不受时间与地点限制、不需要增加投资等特点而受到了人们越来越多的重视，也产生了多种专用和通用的仿真分析工具。MATLAB(矩阵实验室)作为一种编程语言和可视化工具，具有丰富的功能。它能解决工程、科学计算和数学学科中的许多问题，是目前高等院校与科研院所广泛使用的优秀应用软件。

　　本书以控制系统的分析和设计为对象，以 MATLAB 作为工具，既介绍了控制系统的特点与分析方法，又介绍了 MATLAB 的应用问题。考虑到目前大学教育的现状，本书在内容的安排上采取了以下几点处理办法：

　　(1) 理论讲授内容尽量少而精，重点阐述如何利用 MATLAB 工具解决实际工程问题，以适应有限学时的教学要求。

　　(2) 内容的安排与自控原理课程的内容一致，因此，本书既可以独立存在，也可以作为自控原理课程的仿真教材或辅助教材。

　　(3) 加强综合运用能力的培养，建立系统的概念。通过仿真实例使学生了解从系统建模到设计、仿真的全过程。

　　(4) 注重上机实践。本书设置了大量的实验内容和练习题，学生通过编程和上机练习，可进一步理解控制系统的基本理论和计算机辅助工具的用法及作用。

　　本书按照简化理论内容、强化练习的原则，给出了大量的仿真示例、实验和练习，读者可以根据自己的需要进行取舍。

　　在本书的编写过程中，得到了西安电子科技大学出版社编辑部马乐惠老师的大力支持和鼓励，使作者能顺利完成书稿；长安大学段晨东教授仔细审阅了全稿，并给出了许多建设性的意见，使作者能及时修正书稿的不足；研究生寇强、党世红、李小瑞、胡尊凤、佟明、陈果、洪英、孙小平等完成了部分书稿的抄写与校对工作，韩琳同学对初稿进行了校对，并验证了大部分程序，提出了宝贵的修改意见；作者的多位同事也给予了不同形式的帮助和支持，在此，作者一并表示衷心的感谢。

　　由于编者水平有限，书中难免存在一些不妥之处，恳请读者批评指正。

编　者
2007 年 12 月

目　录

第 1 章　控制系统仿真概述

本章简要概述控制系统计算与仿真的基本知识。通过本章的介绍，使读者了解全书的概貌与本书的主要内容及任务。

1.1　系　统　与　模　型

1.1.1　系统

1. 系统的概念

所谓系统，是指物质世界中既相互制约又相互联系着的、以期实现某种目的的一个运动整体。

系统的范围很广，可谓包罗万象，例如由大地、山川、河流、海洋、森林和生物等组成了一个相互依存、相互制约且不断运动又保待平衡状态的整体，这就是自然系统。图 1-1 所示电路由电容、电感、电阻和电压源组成，是一个简单而又典型的电路系统。

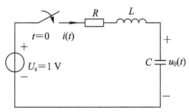

图 1-1　电路系统

"系统"这一名词目前已广泛地应用在社会、经济、工业等各个领域。系统一般可分为非工程系统和工程系统。社会系统、国民经济系统、自然系统、交通管理系统等称做非工程系统，而工程系统则覆盖了机电、化工、热力、流体等工程应用领域。本书侧重于工程系统。

任何系统都存在三个方面的内容，即实体、属性和活动。组成系统的具体的对象或单元称为实体，如温度控制系统中的传感器、变送器、控制器、调节阀等；实体的特性（状态和参数）称为属性，如位移、速度、加速度、电流、电压等，可用来描述系统中各实体的性能；活动则是指对象随时间推移而发生的状态的变化，活动具有明显的时间概念。

2. 系统的类型

系统的类型与分类方法有关，常用的几种分类情况如下。

1）静态系统和动态系统

静态系统是指相对不变的一类系统，如处于平衡状态下的一根梁，若无外界的干扰，则其平衡力是一个静态系统。系统的状态随时间改变的系统称为动态系统。如正在运行的温度控制系统，系统的各个参数都在不断变化，这样的系统就属于动态系统。

2）确定系统和随机系统

状态和参数是确定的系统称为确定系统。而状态和参数是随机变化的系统，称为随机系统。即在既定的条件和活动下，系统从一种状态转换成另一种状态时是不确定的，而是带有一定的随机性质。

3）连续系统和离散系统

随着时间的改变，状态的变化也是连续的系统称为连续系统，如一架飞机在空中飞行，其位置和速度相对于时间是连续改变的。若系统状态随时间呈间断改变或突然变化则称该系统为离散系统，例如，一个计算机系统完成计算作业离开处理机，转到外围设备排队等待输出结果，这个系统就属于离散型的。

在实际中，完全是连续或离散的系统是很少见的，大多数系统中既有连续成分，也有离散成分，不过对于大多数系统来说，在某种变化类型占优势时，我们就把它归为这一类系统。

4）线性系统和非线性系统

系统中所有元器件的输入、输出特性都是线性的系统称做线性系统，而只要有一个元器件的输入、输出特性不是线性的，则该系统就称做非线性系统。系统的参数不随时间改变的系统称做定常系统，本课程的研究对象主要是线性定常系统。

1.1.2　系统模型

1. 系统模型

系统模型是对所要研究的系统在某些特定方面的抽象。系统模型实质上是由研究目的所确定的、关于系统某一方面本质属性的抽象和简化，并以某种表达形式来描述。模型可以描述系统的本质和内在的关系，通过对模型的分析研究，能够达到对原型系统的了解。

系统模型的建立是系统仿真的基础，而系统模型是以系统之间的相似性原理为基础的。相似性原理指出，对于自然界的任一系统，存在另一个系统，它们在某种意义上可以建立相似的数学描述或有相似的物理属性。一个系统可以用模型在某种意义上来近似，这是整个系统仿真的理论基础。

系统模型一般可以分为物理模型和数学模型两种。

2. 物理模型

物理模型是根据实际系统，利用实物建立起来的。物理模型与实际系统有相似的物理性质，这些模型可以是按比例缩小了的实物外形，如在风洞试验中的飞机外形和船体外形等，也可能是与原系统性能完全一致的样机模型，如生产过程中试制的样机模型就属于这一类。

3. 数学模型

用抽象的数学方程描述系统内部物理变量之间的关系而建立起来的模型，称为该系统的数学模型。通过对系统数学模型的研究可以揭示系统的内在运动和系统的动态性能。

数学模型可分为机理模型、统计模型和混合模型。使用计算机对一个系统进行仿真研究时，利用的是系统的数学模型。

1.2　系统仿真的概念

1.2.1　仿真的定义

涉及仿真的有两个名词即"模拟"和"仿真"。"模拟"（Simulation）即选取一个物理的或抽象的系统的某些行为特征，用另一系统来表示它们的过程；"仿真"（Emulation）即用另一数据处理系统，主要是用硬件来全部或部分地模仿某一数据处理系统，以致于模仿的系统能够与被模仿的系统一样接受同样的数据，执行同样的程序，获得同样的结果。鉴于目前实际上已将上述"模拟"和"仿真"两者所含的内容都统归于"仿真"的范畴，而且都用英文"Simulation"一词来代表，因此本书所讨论的仿真概念也就这样泛指。

系统仿真目前还没有一个准确的定义，几个由专家和学者给出的定义有：

定义 1　所谓系统仿真，是指利用模型对实际系统进行实验研究的过程，或者说，系统仿真是一种通过模型实验揭示系统原型的运动规律的方法。

这里的原型是指现实世界中某一待研究的对象，模型是指与原型的某一特征相似的另一客观对象，是对所要研究的系统在某些特定方面的抽象。通过模型来对原型系统进行研究，将具有更深刻、更集中的特点。

定义 2　系统仿真是以系统数学模型为基础，以计算机为工具，对实际系统进行实验研究的一种方法。需要特别指出的是，系统仿真是用模型（即物理模型或数学模型）代替实际系统进行实验和研究，使仿真更具有实际意义。

定义 3　系统仿真是建立在控制理论、相似理论、信息处理技术和计算技术等理论基础之上的，以计算机和其他专用物理效应设备为工具，利用系统模型对真实或假想的系统进行实验，并借助于专家经验知识、统计数据和信息资料对实验结果进行分析研究，进而做出决策的一门综合性的和实验性的学科。

简单而言，所谓系统仿真，就是进行模型实验，它是指通过系统模型的实验去研究一个已经存在的或正在设计中的系统的过程。仿真所遵循的基本原则是相似原理，包括数据相似、几何相似、环境相似与性能相似等。依据这个原理，仿真可分为物理仿真与数学仿真（也称为模拟计算机仿真与数字计算机仿真）。

要实现仿真，首先要寻找一个实际系统的"替身"，这个"替身"称为模型。它不是原型的复现，而是按研究的侧重面或实际需要对系统进行简化提炼，以利于研究者抓住问题的本质或主要矛盾。据最新的统计资料表明，计算机仿真技术是当前应用最广泛的实用技术之一。

为了研究实际系统的动态性能，常常要采用数据相似原理。数据相似原理主要表现在：

（1）描述原型和模型的数学表达式在形式上完全相同。

（2）变量之间存在着一一对应的关系且成比例。

（3）一个表达式的变量被另一个表达式中的相应变量置换后，表达式内各项的系数保持相等。

系统仿真是近 40 年发展起来的一门综合性很强的新兴技术学科，它涉及到各相关专业理论与技术，例如系统分析、控制理论、计算方法和计算机技术等。当在实际系统上进行实验研究比较困难甚至无法实现时，仿真技术就成了十分重要，甚至是必不可少的工具，它在现代科研、生产和教育训练等方面发挥着重大作用，应用十分广泛。

1.2.2　计算机仿真

系统仿真一般有物理仿真和数学仿真之分。所谓数学仿真，就是应用性能相似原理，构造数学模型，在计算机上进行实验研究。因此，数学仿真也可以称做数字仿真或计算机仿真。

由于计算机仿真能够为各种实验提供方便、廉价、灵活而可靠的数学模型，因此凡是利用模型进行实验的，几乎都可以用计算机仿真来研究被仿真系统的工作特点、选择最佳参数和设计最合理的系统方案。

计算机仿真技术是以数学理论、相似原理、信息技术、系统技术及其与应用领域有关的专业技术为基础，以计算机和各种物理效应设备为工具，利用系统模型对实际的或设想的系统进行实验研究的一门综合性技术。计算机仿真技术集成了计算机技术、网络技术、图形图像技术、面向对象技术、多媒体、软件工程、信息处理、自动控制等多个高新技术领域的知识。

随着计算机技术的发展，计算机仿真会越来越多地取代纯物理仿真。因此，现在所称谓的仿真，主要是指计算机参与的计算机仿真。计算机仿真是一门综合性的新学科，它既取决于计算机工具本身硬件与软件的发展，又依赖于仿真计算方法在精度与效率方面的研究与提高，还要服从于对计算机仿真对象学科领域的发展需要。所以计算机仿真是多种学科互相渗透、相互融合又与多种学科相关联的边缘科学。

计算机仿真技术不仅限于系统生产集成后的性能测试实验，仿真技术还应用于产品型号研制的全过程，包括方案论证、技术指标论证、设计分析、生产制造、试验、维护、训练等各个阶段。仿真技术不仅仅应用于简单的单个系统，也应用于由多个系统综合构成的复杂系统。

自动控制系统的计算机仿真，是一门涉及到计算机技术、计算数学与控制理论、系统辨识、控制工程以及系统科学的综合性学科。它为控制系统的分析、计算、研究、综合设计以及自动控制的计算机辅助教学提供了快速、经济、科学和有效的手段。

计算机仿真技术的应用范围十分广泛，它不仅应用于工程系统，如控制系统的设计、分析和研究，电力系统的可靠性研究，化工流程的模拟，造船、飞机、导弹等研制过程，而且还被应用于非工程系统，如用于研究社会经济、人口、污染、生物、医学系统等。仿真技术具有很高的科学研究价值和巨大的经济效益，由于其应用广泛且卓有成效，国际上成立了国际仿真联合会（IAMCS，International Association for Mathematic and Computer in Simulation）。

1.2.3　系统仿真三要素

仿真研究的对象是系统,而系统特性的表征主要采用与之相应的系统数学模型,放到计算机上进行相应的处理,就构成了完整的系统仿真过程。因此,将实际系统、数学模型、计算机称为系统仿真的三要素。其相互关系可表示为图 1-2。

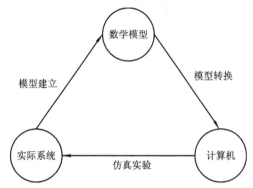

图 1-2　系统仿真三要素的对应关系

系统仿真的三个基本活动如下:

(1) 模型建立:将实际系统抽象为数学模型,此过程也称为系统辨识。

(2) 模型转换:通过一些仿真算法将系统的数学模型转换为仿真模型,以便将模型放到计算机上进行处理。

(3) 仿真实验:通过计算机的运算处理,把实际系统的特点、性能等表示出来,用于指导实际系统。

目前,在仿真过程中比较重视系统建模和仿真结果的分析,这有助于对实际系统性能的讨论和改善。

1.3　系统仿真的类别与实现

1.3.1　系统仿真的分类

系统仿真的类别按照不同的分类方法有不同的分类结果。

1. 按仿真模型的种类分类

1)物理仿真

按照实际系统的物理性质构造系统的物理模型,并在物理模型上进行实验研究,称之为物理仿真。

物理仿真的出发点是依据相似原理,把实际系统按比例放大或缩小,仿制一个与实际系统工作原理相同、质地相同但是体积小得多的物理模型进行实验研究。该物理模型的状态变量与原系统完全相同。

物理仿真多用于土木建筑、水利工程、船舶、飞机制造等方面。例如,在船舶制造中,工程师需要在设计过程中用比实物船舶小得多的模型在水池中进行各种实验,以取得必要的数据和了解所要设计的船舶的各种性能。又如，飞机在高空中飞行的受力情况，要事先在地面气流场相似的风洞实验室中进行模拟实验，以获得相应的实验数据，其环境构造也是应用了物理模型。此外，像火力发电厂的动态模拟，操纵控制人员的岗前培训等均使用物理仿真。

物理仿真的优点是直观、形象，其缺点是构造相应系统的物理模型投资较大，周期较长，不经济。另外，一旦系统成型后，难以根据需要修改系统的结构，仿真实验环境受到一定的限制。

2）数学仿真

按照实际系统的数学关系构造系统的数学模型，并在计算机上进行实验研究，称之为数学仿真。数学仿真是应用性能相似原理，构造系统的数学模型在计算机上进行实验研究的过程。

数学仿真的模型采用数学表达式来描述系统性能，若模型中的变量不含时间关系，则称为静态模型；若模型中的变量包含有时间因素，则称为动态模型。数学模型是系统仿真的基础，也是系统仿真中首先要解决的问题。由于采用计算机作为实验工具，通常也将数学仿真称为计算机仿真或数字仿真。

数学仿真具有经济、方便、使用灵活、修改模型参数容易等特点，已经得到越来越多的应用。其缺点是受不同的计算机软、硬件档次限制，在计算容量、仿真速度和精度等方面存在不同的差别。

3）数学—物理仿真

将系统的物理模型和数学模型以及部分实物有机地组合在一起进行实验研究，称之为数学—物理仿真，也称为半实物仿真。

这种方法结合了物理仿真和数学仿真各自的特点，常常被用于特定的场合及环境中。例如汽车发动机实验、家电产品的研制开发、雷达天线的跟踪、火炮射击瞄准系统等都可采用半实物仿真。

2. 按仿真模型与实际系统的时间关系分类

1）实时仿真

仿真模型时钟 τ 与实际系统时钟 t 的比例关系为 $\dfrac{\tau}{t}=1$，是同步的，可实时地反映出实际系统的运行状态。如炮弹弹头的飞行曲线仿真、火力发电站的实时控制模拟仿真等。

2）超实时仿真

仿真模型时钟 τ 与实际系统时钟 t 的比例关系为 $\dfrac{\tau}{t}<1$，即仿真模型时钟要超前于实际系统时钟。如市场销售预测、人口增长预测、天气预报分析等。

3）慢实时仿真

仿真模型时钟 τ 与实际系统时钟 t 的比例关系为 $\dfrac{\tau}{t}>1$，即仿真模型时钟滞后于实际系统时钟。如原子核裂变过程的模拟仿真等。

3. 按系统随时间变化的状态分类

1）连续系统仿真

系统的输入、输出信号均为时间的连续函数，可用一组数学表达式来描述，例如微分方程、状态方程等。在某些使用巡回检测装置在特定时刻对信号进行测量的场合,得到的信号可以是间断的脉冲或数据信号。此类系统可采用差分方程来描述,由于其被控量是连续变化的,因此也将其归类于连续系统。

2) 离散事件系统仿真

系统的状态变化只在离散时刻发生,且是由某种随机事件驱动的,称之为离散事件系统。例如通信系统、交通控制系统、库存管理系统、飞机订票系统、单服务台排队系统等。此类系统规模庞大,结构复杂,一般很难用数学模型描述,多采用流程图或网络图表达。在分析上则采用概率及数理统计理论、随机过程理论来处理,其结果送到计算机上进行仿真。

1.3.2　控制系统仿真的过程

控制系统的计算机仿真就是以控制系统的数学模型为基础,采用数学模型代替实际的系统,以计算机为主要工具,对控制系统进行实验和研究的一种方法。通常,采用计算机来实现控制系统仿真的过程主要有以下几个方面。

1. 建立控制系统的数学模型

系统的数学模型是描述系统输入、输出变量以及内部各变量之间关系的数学表达式。描述控制系统各变量间静态关系采用的是静态模型,描述控制系统各变量间动态关系采用的是动态模型。最常用的基本数学模型是微分方程与差分方程。

通常,根据系统的实际结构与系统各变量之间所遵循的物理、化学基本定律(例如牛顿运动定律、基尔霍夫定律、动力学定律、焦耳—楞次定律等)来列写变量间的数学表达式以建立系统的数学模型,这就是所谓的用解析法来建立数学模型。

对于大多数复杂的控制系统,则必须通过实验的方法,利用系统辨识技术,考虑计算所要求的精度,略去一些次要因素,使模型既能准确地反映系统的动态本质,又能简化分析计算的工作,这就是所谓的用实验法建立数学模型。

控制系统的数学模型是系统仿真的主要依据。

2. 建立控制系统的仿真模型

原始控制系统的数学模型,如微分方程、差分方程等,还不能用来直接对系统进行仿真,应该将其转换为能够在计算机中对系统进行仿真的模型。

对于连续系统而言,将微分方程这样的原始数学模型,在零初始条件下进行拉普拉斯变换,求得控制系统的传递函数,以传递函数模型为基础,将其等效变换为状态中间模型,或者将其图形化为动态结构图模型,这些模型都是系统的仿真模型。对于离散系统而言,将差分方程经 $\mathcal{Z}$ 变换转换为计算机可以处理的数字控制器模型即可。

3. 编制控制系统的仿真程序

对于非实时系统的仿真,可以用一般的高级语言,例如 BASIC、FORTRAN 或 C 语言等编制系统的仿真程序;对于快速、实时系统的仿真,往往采用汇编语言编制仿真程序。当然,也可以直接利用专门的仿真语言和仿真软件包。

目前,采用 MATLAB 仿真也比较普遍。利用 MATLAB 的 TOOLBOX 工具箱及其 Simulink 仿真集成环境作仿真工具,来研究和分析控制系统是非常方便的。

1.3.3 控制系统仿真的特点

1. 研究方法简单、方便、灵活、多样

控制系统的仿真研究一般是在仿真器上进行的，不管是采用模拟仿真器还是数字仿真工具，与实际物理系统相比都简单多了。仿真研究可以在实验室进行，因此是很方便的。在仿真器上可以任意作参数调整，体现了仿真研究的灵活性，由于仿真器的仿真仅仅代表了物理系统的动力学特性，因此可以模拟各种物理系统，这体现了所研究物理系统的多样性。

2. 实验研究的低成本

由于仿真往往是在计算机上模拟现实系统过程，并可多次重复进行，使得其经济性十分突出。据美国对"爱国者"等三个型号导弹的定型实验统计，采用仿真实验可减少实弹发射实验次数约43%，节省费用达数亿美元。采用模拟装置培训工作人员，经济效益和社会效益也十分突出。

此外，从环境保护的角度考虑，仿真技术也极具价值。例如，现代核试验多数在计算机上进行仿真，固然是出于计算机技术的发展使其得以在计算机上模拟，但政治因素和环境因素才是进行仿真实验的主要原因。通过仿真研究还可以预测系统的特性，以及外界干扰的影响，从而可以对制定控制方案和控制决策提供定量依据。

3. 实验结果充分

通过仿真研究可以得到有关系统设计的大量的、充分的曲线与数据，这一特点也是借助于前面两个特点而得到的。

当然，控制系统的仿真研究也有它的不足，也就是要绝对依赖于控制系统的数学模型，如果数学模型的描述不够准确或者不够完全，控制系统的仿真结果就会出现误差或者错误。这在控制系统的设计中一般通过两种方法克服：一是谨慎地构造数学模型，也就是说，即使不够准确的构造数学模型也比不够全面的数学模型要好；二是在系统设计的最后阶段——系统调试阶段，最后确定仿真结果的正确性。

当前，由于计算机技术与网络技术的高速发展，仿真技术的研究成果已经远远超出动力学系统的仿真，虚拟现实技术就是一例。

1.4 仿真技术的发展与应用

1.4.1 系统仿真的发展

系统仿真技术的发展是与控制工程、系统工程及计算技术的发展密切联系的。1958年第一台混合计算机系统用于洲际导弹的仿真。1964年生产出第一台商用混合计算机系统。20世纪60年代，阿波罗登月计划的成功及核电站的广泛使用进一步促进了仿真技术的发展。20世纪70年代，系统工程被应用于社会、经济、生态、管理等非工程系统的研究，开拓了系统动力学及离散事件系统仿真技术的广阔应用前景。仿真技术在每个阶段有一个比较热门的应用领域，比如 20 世纪 50 年代热门的应用领域是武器系统及航空，60 年代是航空与航天，70 年代是核能、电力与石油化工，80 年代则是制造系统。仿真技术现在已成为系统分析、研究、设计及人员训练不可缺少的重要手段，它给工程界及企业界带来了巨大的社会效益与经济效益。使用仿真技术可以降低系统的研制成本，提高系统实验、调试及训练过程中的安全性，对于社会和经济系统，由于不可能直接进行实验，仿真技术更显出它的重要性。

最近几年，我国在仿真技术上的发展也是十分突出的。我国已自行研制成银河仿真计算机、训练起落的飞行模拟器、20 万千瓦电站训练仿真器、大型海战仿真器等仿真系统。许多工业部门都已建成或正在建成仿真研究中心，并研制出不少仿真软件及应用成果。

表 1.1 给出了建模与仿真的历史发展概况。

表 1.1　建模与仿真的历史发展

年　代	发展的主要特点
20 世纪 40 年代前	在物理科学基础上的建模
20 世纪 40 年代	电子计算机的出现
20 世纪 50 年代中期	仿真应用于航空领域
20 世纪 60 年代	工业控制过程的仿真
20 世纪 70 年代	包括经济、社会和环境因素的大系统仿真
20 世纪 70 年代中期	系统与仿真的结合，如用于随机网络建模的 SLAM 仿真系统
20 世纪 70 年代后期	仿真系统与更高级的决策结合，如决策支持系统 DSS
20 世纪 80 年代中期	集成化建模与仿真环境，如美国 Pritaker 公司的 TESS 建模仿真系统
20 世纪 90 年代	可视化建模与仿真，虚拟现实仿真，分布交互仿真

1.4.2　基于 MATLAB 的控制系统仿真的现状

MATLAB 是一种面向科学与工程计算的高级语言，它提供了丰富的矩阵处理功能，使用极其方便，因而很快引起控制理论领域研究人员的高度重视，并在此基础上开发了控制理论与 CAD 和图形化模块化设计方法相结合的控制系统仿真工具箱。

MATLAB 可以在各种类型的计算机上运行，如 PC 及兼容机、Macintosh 及 Sun 工作站、VAX 机、Apollo 工作站、HP 工作站等。使用 MATLAB 语言进行编程，可以不做任何修改就可移植到这些机器上运行，它与机器类型无关，这大大拓宽了 MATLAB 语言的应用范围。

MATLAB 语言除可以进行传统的交互式编程来设计控制系统以外，还可以调用它的控制系统工具箱来设计控制系统，并且，许多使用者还结合自己的研究领域及特长，开发出了各种不同类型的工具箱，如系统辨识工具箱、鲁棒控制工具箱、神经网络工具箱、最优化工具箱、模糊控制工具箱等，随着控制理论的不断发展和研究的不断深入，这类工具箱的数目还会不断增加和完善。MATLAB 的 Simulink 功能的增加使控制系统的设计更加简便和轻松，而且可以设计更为复杂的控制系统。用 MATLAB 对控制系统进行仿真后，还可以利用 MATLAB 的工具在线生成 C 语言代码，用于实时控制。因此，MATLAB 已不仅是一般的编程工具，而是作为一种控制系统的设计平台出现的。目前，许多工业控制软件的设计就明确提出了与 MATLAB 的兼容性。

MATLAB 及其工具箱将一个优秀软件包的易用性、可靠性、通用性和专业性，以及一般目的的应用和高深的专业应用完美地集成在一起，并凭借其强大的功能，先进的技术和广泛的应用，使其逐渐成为国际性的计算标准。MATLAB 目前已成为国际控制界最流行的仿真语言，为世界各地数十万名科学家和工程师所采用。今天，MATLAB 的用户团体几乎遍及世界各主要大学、公司和政府研究部门，其应用也已遍及现代科学和技术的各个方面。

1.4.3 仿真技术发展的主要方向

仿真技术在许多复杂工程系统的分析和设计研究中越来越成为不可缺少的工具。系统的复杂性主要体现在复杂的环境、复杂的对象和复杂的任务上。然而只要能够正确地建立系统的模型，就能够对该系统进行充分的分析研究。另外，仿真系统一旦建立就可重复利用，特别是对计算机仿真系统的修改非常方便，经过不断的仿真修正，逐渐深化对系统的认识，以采取相应的控制和决策，使系统处于科学的控制和管理之下。

近年来，由于问题域的扩展和仿真支持技术的发展，衍生了一批新的研究热点：

（1）面向对象的仿真方法，从人类认识世界的模式出发，提供更自然、直观的系统仿真框架。

（2）分布式交互仿真，通过计算机网络实现交互操作，构造时空一致合成的仿真环境，可对复杂、分布、综合的系统进行实时仿真。

（3）定性仿真，以非数字手段处理信息输入、建模、结果输出，建立定性模型。

（4）人机和谐的仿真环境，发展可视化仿真、多媒体仿真和虚拟现实等。这些新技术、新方法必将孕育着仿真方法的新突破。

当前仿真研究的前沿课题主要有：

（1）改造建模环境。

（2）动画。反映在辅助建模、显示仿真结果、系统的活动及其特征中。

（3）实现仿真结果分析到建模的自动反馈。

（4）基于虚拟技术在仿真中的应用等。

练 习 题

1. 什么是系统？系统的特性是什么？

2. 什么是系统仿真？

3. 系统仿真的三要素是什么？

4. 系统仿真的类型有哪些？

5. 什么是系统模型？什么是数学模型和物理模型？

6. 系统仿真的主要过程有哪些？

第 2 章　MATLAB 基础及其使用初步

MATLAB，即"矩阵实验室"，它是以矩阵为基本运算单元的。本书从最基本的运算单元出发，介绍 MATLAB 的命令及其用法。

2.1　MATLAB 简介

2.1.1　MATLAB 的发展历程和影响力

MATLAB 即 Matrix Laboratory(矩阵实验室)，它是由 MATrix 和 LABoratory 两词的前三个字母组合而成的，MATLAB 是一个功能十分强大的工程计算及数值分析软件。

20 世纪 70 年代末期，在线性代数领域颇有名望的 Cleve Moler 博士利用 FORTRAN 语言、基于特征值计算的软件包 EISPACK 和线性代数软件包 LINPACK，开发了集命令、解释、科学计算于一体的交互式软件 MATLAB，形成了萌芽状态的 MATLAB。

1983 年，工程师 John Little 加入到开发团队，与 Cleve Moler、Stev Bangert 合作用 C 语言开发了第二代 MATLAB 专业版，增加了数据可视化功能。

1984 年 MathWorks 公司成立，MATLAB 被推向市场，经过多年发展，在数值性软件市场占据了主导地位，已经发展成为多学科多种工作平台的功能强大的工程计算及数值分析软件，被誉为"巨人肩上的工具"。

到 20 世纪 90 年代初期，在国际上 30 多个数学类科技应用软件中，MATLAB 在数值计算方面独占鳌头，而 Mathematica 和 Maple 则分居符号计算软件的前两名。Mathcad 因其提供计算、图形、文字处理的统一环境而深受中学生欢迎。

在欧美大学里，诸如应用代数、数理统计、自动控制、数字信号处理、模拟与数字通信、时间序列分析、动态系统仿真等课程的教科书都把 MATLAB 作为必选内容。这几乎成了 20 世纪 90 年代教科书与旧版书籍的重要区别。MATLAB 是攻读学位的本科生、硕士生、博士生必须掌握的基本工具。

在国际学术界，MATLAB 已经被确认为准确、可靠的科学计算标准软件。在许多国际一流学术刊物上(尤其是信息科学刊物)，都可以看到 MATLAB 的应用。在设计研究单位和工业部门，MATLAB 被认做进行高效研究、开发的首选软件工具。如美国 National Instruments 公司的信号测量、分析软件 Labview，Cadence 公司的信号和通信分析设计软件 SPW 等，或者直接建筑在 MATLAB 之上，或者以 MATLAB 为主要支撑。又如 HP 公司的 VXI 硬件，TM 公司的 DSP，Gage 公司的各种硬卡、仪器等都接受 MATLAB 的支持。

2.1.2　MATLAB 的主要特点

MATLAB 的主要功能是用于矩阵运算，它具有丰富的矩阵运算函数，能够在求解诸如各种复杂的计算问题时更简捷、高效、方便。同时，MATLAB 作为编程语言和可视化工具，由于功能强大，界面直观，语言自然，使用方便，可解决工程、科学计算和数学学科中的许多问题，是目前高等院校与科研院所广泛使用的优秀应用软件，目前已经在信号处理、系统识别、自动控制、非线性系统、模糊控制、优化技术、神经网络、小波分析等领域得到了广泛的应用。MATLAB 之所以能得到广泛的应用，是因为它具有如下的特点：

(1) 高质量、强大的数值计算功能。

(2) 有大量事先定义的数学函数，并且有很强的用户自定义函数的能力。

(3) 强大的符号计算功能。

(4) 强大的非线性动态系统建模和仿真功能。

(5) 灵活的程序接口功能。

(6) 能与其他语言编写的程序结合，具有输入、输出格式化数据的能力。

(7) 数值分析和科学计算可视化功能。

(8) 有在多个应用领域解决难题的工具箱。

(9) 功能强大，可扩展性强。

(10) 界面友好，编程效率高。

(11) 有强大的绘图功能，可方便地输出复杂的二维、三维图形。

(12) 较强的文字处理功能。

(13) 在线帮助，有利于自学。

此外，MATLAB 还具有支持科学计算标准的开放式可扩充结构和跨平台兼容的特点，能够很好地解决科学和工程领域内的复杂问题。MATLAB 语言已经成为科学计算、系统仿真、信号与图像处理的主流软件。

2.1.3　MATLAB 组成与界面

1. MATLAB 软件系统的构成

MATLAB 软件主要由主体、Simulink 和工具箱三部分组成。

1) MATLAB 主体

(1) MATLAB 语言：MATLAB 语言是一种基于矩阵/数组的高级语言，它具有流程控制语句、函数、数据结构、输入输出以及面向对象的程序设计特性。用 MATLAB 语言可以迅速地建立临时性的小程序，也可以建立复杂的大型应用程序。

(2) MATLAB 工作环境：MATLAB 工作环境集成了许多工具和程序，用户可用工作环境中提供的功能完成他们的工作。MATLAB 工作环境给用户提供了管理工作空间内的变量和输入、输出数据的功能，并给用户提供了不同的工具以开发、管理、调试 M 文件和 MATLAB 应用程序。

(3) 句柄图形：句柄图形是 MATLAB 的图形系统。它包括一些高级命令，用于实现二维和三维数据可视化、图像处理、动画等功能；还有一些低级命令，用来制定图形的显示以及建立 MATLAB 应用程序的图形用户界面。

(4) MATLAB 数学函数库：MATLAB 数学函数库是数学算法的一个巨大集合，该函数库既包括了诸如求和、正弦、余弦、复数运算之类的简单函数，也包含了矩阵转置、特征值、贝塞尔函数、快速傅里叶变换等复杂函数。

(5) MATLAB 应用程序接口(API)：MATLAB 应用程序接口是一个 MATLAB 语言向 C 和 FORTRAN 等其他高级语言进行交互的库，包括读写 MATLAB 数据文件(MAT 文件)。

2) Simulink

Simulink 是用于动态系统仿真的交互式系统。Simulink 允许用户在屏幕上绘制框图来模拟一个系统，并能够动态地控制该系统。Simulink 采用鼠标驱动方式，能够处理线性、非线性、连续、离散、多变量以及多级系统。此外，Simulink 还为用户提供了两个附加功能项：Simulink 扩展和模块集。

3) MATLAB 工具箱

工具箱是 MATLAB 用来解决各个领域特定问题的函数库，它是开放式的，可以应用，也可以根据自己的需要进行扩展。

MATLAB 提供的工具箱为用户提供了丰富而实用的资源，涵盖了科学研究的很多门类。目前，已经涉及到数学、控制、通信、信号处理、图像处理、经济、地理等多种学科。

2. MATLAB 组成与界面

1) MATLAB 主界面

MATLAB 主界面如图 2-1 所示。

图 2-1　MATLAB 主界面

2) MATLAB 程序编辑器

MATLAB 程序编辑器如图 2-2 所示。

图 2-2　MATLAB 程序编辑器

3）MATLAB 的图形界面

MATLAB 的图形界面如图 2－3 所示。

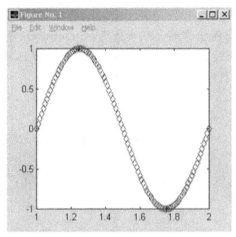

图 2－3 MATLAB 的图形界面

2.2 MATLAB 编程

2.2.1 MATLAB 的基本语法

1. MATLAB 基本编程方法

MATLAB 不但是一个功能强大的工具软件，更是一种高效的编程语言。MATLAB 软件就是 MATLAB 语言的编程环境，M 文件就是用 MATLAB 语言编写的程序代码文件。

1）变量

变量的名字必须以字母开头（不能超过 19 个字符），之后可以是任意字母、数字或下划线；变量名称区分字母的大小写；变量中不能包含标点符号，不能用中文和全角符号。

表达式可以是常量、矩阵、数学表达式、函数等。

任何 MATLAB 的语句的执行结果都可以在屏幕上显示，同时赋值给指定的变量，没有指定变量时，赋值给一个特殊的变量 ans，数据的显示格式由 format 命令控制。

2）常量

常量表达形式：－3.2、－2、3.2、3.2e－3、3－3i、…

3.2e－3 是科学记数法；规范的复数表达形式是 3－3i，如果用 j 表示虚部，将自动转换为 i。

系统预定义了一些常量：

pi：圆周率；eps：计算机的最小数；inf：无穷大；realmin：最小正实数；realmax：最大正实数；nan：非数字量；i，j：虚数单位。w：Omega。

3）局部变量和全局变量

通常，每个函数体内都有自己定义的变量，不能从其他函数和 MATLAB 工作空间访问这些变量，这些变量就是局部变量。如果要使某个变量在几个函数中和 MATLAB 函数空间都能使用，可以把它定义为全局变量。

全局变量就是用关键字"global"声明的变量。全局变量名尽量大写，并能够反映它本身的含义。全局变量需要在函数体的变量赋值语句之前说明，整个函数以及所有对函数的递归调用都可以利用全局变量。

4) 基本语句

MATLAB 可以认为是一种解释性语言，用户可以在 MATLAB 命令窗口键入命令，也可以在编辑器内编写应用程序，这样 MATLAB 软件对此命令或程序中各条语句进行翻译，然后在 MATLAB 环境下对它进行处理，最后返回运算结果。

MATLAB 语言的基本语句结构为：

变量名列表＝表达式

其中等号左边的是 MATLAB 语句的返回值，等号右边的是表达式的定义，它可以是 MATLAB 允许的矩阵运算，也可以是函数调用。等号右边的表达式可以由分号结束，也可以由逗号或回车结束，但它们的含义是不同的，如果用分号结束，则左边的变量结果将不在屏幕上显示出来，否则将把结果全部显示出来。

MATLAB 语言和 C 语言不同，在调用函数时，MATLAB 允许一次返回多个结果，等号左边可以是用[]括起来的变量列表。

在 MATLAB 的基本语句结构中，等号左边的变量名列表和等号一起可以省略，这时将把表达式的执行结果自动赋值给变量 ans 并显示到命令窗口中。

5) 矩阵的输入

(1) 直接输入：矩阵生成不但可以使用纯数字(含复数)，也可以使用变量(或者说采用一个表达式)。矩阵的元素直接排列在方括号内，行与行之间用分号隔开，每行内的元素使用空格或逗号隔开。大的矩阵可以分行输入，回车键代表分号。

$$\boldsymbol{A} = \begin{bmatrix} 1 & 2 & 3 \\ 4 & 5 & 6 \\ 7 & 8 & 9 \end{bmatrix}$$

$$\boldsymbol{A} = \begin{bmatrix} 1 & 2 & 3; & 4 & 5 & 6; & 7 & 8 & 9 \end{bmatrix}$$

(2) 语句生成：

(a) 用线性等间距生成向量矩阵(start：step：end)

≫a＝[1：2：10]

A＝1　3　5　7　9

(b) a＝linspace (n1, n2, n)

在线性空间上，行向量的值从 n1 到 n2，数据个数为 n，缺省 n 为 100。

≫a＝linspace (1, 10, 10)

a＝1　2　3　4　5　6　7　8　9　10

(c) a＝logspace (n1, n2, n)

在对数空间上，行向量的值从 $10n1$ 到 $10n2$，数据个数为 n，缺省 n 为 50。

≫a＝logspace (1, 3, 3)

a＝10　100　1000

(d) 一些常用的特殊矩阵：

单位矩阵：eye(m, n)；eye(m)；

全零矩阵：zeros(m, n)；zeros(m)；

全一矩阵：ones(m, n)；ones(m)；

对角矩阵：对角元素向量 V＝[a1, a2, …, an]，A＝diag (V)；

均匀分布随机矩阵：rand(m, n)产生一个 m×n 的均匀分布的随机矩阵。

正态分布随机矩阵：randn(m, n)。

6) 矩阵的操作

(1) 转置运算：对于实矩阵用(′)或(')求转置结果是一样的；然而对于含复数的矩阵，(')将同时对复数进行共轭处理，而(′)则只是将其排列形式进行转置。

(2) 提取矩阵中的元素：

A(m, n)：提取第 m 行，第 n 列元素；

A(:, n)：提取第 n 列元素；

A(m, :)：提取第 m 行元素；

A(m1:m2, n1:n2)：提取第 m1 行到第 m2 行和第 n1 列到第 n2 列的所有元素(提取子块)。

(3) 判断矩阵的大小：

[m, n]＝size(A)：返回矩阵的行列数 m 与 n。

length(A)＝max(size(A))：返回行数或列数的最大值。

(4) 四则运算与幂运算：

＋(加)，－(减)，*(乘)，\(矩阵左除)，/(矩阵右除)，.*(矩阵点乘)，.\(矩阵点左除)，./(矩阵点右除)，.∧(幂)。

只有维数相同的矩阵才能进行加减运算，只有方阵才可以求幂，点运算是两个维数相同矩阵对应元素之间的运算，只有当两个矩阵中前一个矩阵的列数和后一个矩阵的行数相同时，才可以进行乘法运算。

(5) 方阵的相关计算：

求逆：inv(A)

求行列式：det(A)

求特征值和特征向量：[V, D]＝eig(A)

2. 程序流程控制

MATLAB 程序设计常用的几种结构：

1) for 循环语句

  for 循环变量＝起始值：步长：终止值

   循环体

  end

2) while 循环语句

  while 关系表达式

   循环体

  end

3）if，else，elseif 语句

    if   表达式

         执行语句

    end

    if   表达式

         执行语句 1

    else

         执行语句 2

    end

    if   表达式

         执行语句 1

    elseif

         执行语句 2

         …

    end

4）switch 语句

    switch 表达式（％可以是标量或字符串）

        case   值 1

             语句 1

        case   值 2

             语句 2

        …

        otherwise

             语句 n

    end

2.2.2　MATLAB 函数

建立一个新 M 文件的一般方法是在 MATLAB 主菜单 File 下选择"New"→"M-file"，然后会出现编辑器窗口（如图 2-2 所示），在该编辑器中输入程序代码后，在编辑器的 File 菜单下选择 Save 命令，出现保存文件对话框，指定文件名来保存输入的内容，这样就建立了一个新的 M 文件。

MATLAB 编辑器提供了基础文本编辑功能和 M 文件的调试工具，它具有 Windows 标准的多文档界面。MATLAB 编辑器对于编写 M 文件比较方便，它有自动缩排功能，而且把关键字、字符串、注释用不同的颜色表示，便于区别。该编辑器提供的调试功能，可以在程序中设置多个断点进行在线调试。M 文件有两种形式——脚本和函数。

1. 脚本

脚本是 M 文件的简单类型，它们没有输入、输出参数，只是一些函数和命令的组合。类似于 DOS 下的批处理文件。脚本可以在 MATLAB 环境下直接执行，并可以访问存在于整个工作空间内的数据。由脚本建立的变量在脚本执行完后仍将保留在工作空间中，可以继续对其进行操作，直到使用 clear 命令清除了这些变量为止。

2．函数

函数是 MATLAB 语言中最重要的组成部分，MATLAB 提供的各种工具箱中的 M 文件几乎都是以函数的形式给出的，MATLAB 的主体和各种工具箱本身就是一个庞大的函数库。函数接收输入参数，返回输出参数。函数只能访问函数本身工作空间中的变量，在 MATLAB 命令窗口或其他函数中不能对该函数工作空间中的变量进行访问。

函数文件与脚本文件类似之处在于它们都是一个有".m"扩展名的文本文件，而且函数文件和脚本文件一样，都是由文本编辑器所创建的外部文本文件。

MATLAB 函数 M 文件通常由以下几个部分组成。

1）函数定义行

函数 M 文件的第一行用关键字"function"把 M 文件定义为一个函数，并指定它的名字，它与文件名相同。同时也定义了函数的输入和输出参数。注意：函数 M 文件的函数名和文件必须相同。例如，函数 flipud 的定义行是 function y＝flipud(x)，其中 flipud 为函数名，输入参数为 x，输出参数为 y。如果函数有多个输入参数和输出参数，那么参数之间用逗号分隔，多个输出参数用方括号括起来。如：

  function[pos，newUp]＝camrotate(a，b，dar，up，dt，dp，coordsys，direction)
  function[ans1，ans2，ans3]＝axis(varargin)

如果函数没有输出或没有输入，可以不写相应的参数，如：

  function grid(opt．grid)

2）H1 行

所谓 H1 行指帮助文本的第一行，它紧跟在定义行之后。它以"％"符号开头，用于概括说明函数名和函数的功能。例如，函数 flipud 的 H1 行为

％ FLIPUD(X)Flip matrix in up/down direction．

使用 lookfor 命令时，找到的相关函数将只显示 H1 行。

3）帮助文本

帮助文本指位于 H1 行之后函数体之前的说明文本。用来比较详细地介绍函数的功能和用法。当在命令行键入"help 函数名"时，就会同时显示 H1 行和帮助文本，也就是在定义行和函数体之间的文本(都以"％"符号开头)。

4）函数体

函数体就是函数的主体部分，函数体包括进行运算和赋值操作的所有程序代码。函数体中可以有流程控制、输入输出、计算、赋值、注释，还可以包括函数调用和对脚本文件的调用。

5）注释

除了函数开始独立的帮助文本外，还可以在函数体中添加对语句的注释。注释必须以"％"开头，在编译执行 M 文件时把每一行中"％"后面的内容全部作为注释，不进行编译。

注意：在函数文件中，除了函数定义行和函数体之外，其他部分都是可以省略的，不是必须有的。但作为一个函数，为了提高函数的可用性，应加上 H1 行和函数帮助文本；为了提高函数的可读性，应加上适当的注释。

3. M 文件的调试

MATLAB 程序错误反映在两个方面：语法错误和运行错误。在程序运行时，系统还会检查语法错误，如果存在语法错误，在命令窗会提示错误信息。若运行错误，将导致结果不正确，或者出现死循环。可设置断点，跟踪运行程序以检查错误。

2.2.3　MATLAB 符号运算

MATLAB 的符号运算是以加拿大 Waterloo Maple 公司的 Maple V4 作为基本的符号运算引擎，借助于 Maple 已有的数据库，开发了实现符号运算的工具箱（Symbolic Math toolbox），该工具箱有一百多个 M 文件，并且在 MATLAB 中可以通过 Maple.m 直接调用 Maple 的所有函数实现符号运算。

MATLAB 具有的符号数学工具箱与其他所有工具不同，它用途广泛，而不只针对一些特殊专业或专业分支。MATLAB 符号数学工具箱与其他工具箱的区别还在于它使用字符串进行符号分析，而不是基于数组的数值分析。

符号数学工具箱是操作和解决符号表达式的符号数学工具箱集合，包括复合、简化、微分、积分以及求解代数方程和微分方程的工具。

1. 符号表达式和符号方程的创建

在符号计算的整个过程中，所运作的是符号变量。因此，要想掌握符号运算，首先必须弄清楚什么是符号变量，什么是符号表达式，如何创建它们，如何生成符号函数。在符号计算中创建了一个新的数据类型——sym 类，即符号类，该类型的实例就是符号对象，在符号计算工具箱内，用符号对象表示符号变量和符号矩阵等，并构成符号表达式和符号方程。

符号表达式是数字、函数、算子和变量的 MATLAB 字符串或字符串数组，不要求变量有预先确定的值，符号方程式是含有等号的符号表达式。符号算术是使用已知的规则和给定符号恒等式求解这些符号方程的实践，它与代数和微积分所述的求解方法完全一致。符号矩阵是数组，其他元素是符号表达式。

符号计算中出现的数字也都是当符号处理的。MATLAB 在内部把符号表达式表示成字符串，以便与数字变量或运算相区别；否则这些符号表达式几乎完全类似于基本的MATLAB 命令。

符号表达式和符号方程式的区别在于前者不包含等号，而后者必须带等号。但这两种对象的创建方式相同，它们最简单和最常用的创建方式与 MATLAB 创建字符串变量的方式几乎相同。下面的几个例子给出了符号表达式和符号方程的赋给变量。

$g={'}1/(2*x^n){'}$　　　　　　　%所创建的函数 $\dfrac{1}{2x^n}$ 赋给变量 g

$f={'}b*x+c=0{'}$　　　　　　　%所创建的方程 bx+c=0 赋给变量 f

$si={'}\sin(x)=0.02{'}$　　　　　%所创建的方程赋给变量 si

符号表达式和符号方程对空格都非常敏感。因此，在创建符号表达式时，不要在字符间任意乱加修饰性空格符。

2. 符号变量、符号矩阵的创建和修改

MATLAB 提供了 sym( )函数来创建符号变量和符号矩阵，其使用格式有以下几种：

s＝sym(A)	％由 A 创建符号类对象 s，如果 A 是数值矩阵，则 s 用
	％数值的符号表示
x＝sym('x')	％创建符号变量 x
x＝sym('x', 'real')	％设定 x 为实变量
x＝sym('x', 'unreal')	％unreal 设定符号变量 x 没有附加属性
s＝sym(A, flag)	％此处参数 flag 可以是'f'、'r='、'e'、'd'、分别代
	％表浮点数、有理数、机器误差和十进制数

当要说明的符号变量较多时，可以使用 syms 函数，该函数调用格式 y 的方式有以下几种：

syms var1 var2…同时说明 var1、var2 等为符号变量。

syms var1 var2…real

syms var1 var2…unreal

其中，参数 real 和 unreal 说明这些变量是否为纯实变量。与函数 sym( )相反，numeric( )函数可以把符号常数转化为数值进行计算，恰好是函数 sym 的逆运算。例如：

r＝sym('(1＋sqrt(5))/2')　　％黄金分割比

fun＝r^2＋r＋1

numeric(fun)

3. 符号函数

只有符号变量还不能解决复杂的问题，很多时候还需要符号函数。MATLAB 提供了以下两种生成符号函数的方法。对于复杂的或者常用的符号函数，可以用 M 文件生成。

(1) 直接用符号表达式生成符号函数。

(2) 直接用含有符号变量的符号表达式生成函数，一旦建立了符号函数就可以对其进行符号运算。

4. 符号函数运算

在符号计算中，所有涉及符号计算的操作都要借助于专用函数来进行。以下对符号矩阵使用的命令，都适合符号表达式。

5. 基本计算

| [R,HOW]＝simple(S) | ％不显示简化过程。R 为简化结果，HOW 为特别的 |
| | ％简化操作 |

如果 diff 的表达式或其变量是数值，MATLAB 就非常巧妙地计算其数值差分；如果参量是符号字符串或变量，MATLAB 就对其表达式进行微分。

2.2.4　MATLAB 绘图

1. 基本的绘图命令

1) 线性刻度绘图命令

x 轴和 y 轴均为线性刻度；绘图命令格式为

plot (x, y, option) 或 plot (x1, y1, option1, x2, y2, option2, …)；

其中选项参数 option 定义了图形曲线的颜色、线型及表示符号，它由一对单引号括起来。

表 2.1 给出了各种颜色及对应的表示符号。

表 2.1 线型、颜色及表示符号对照表

y			k			b			g			r			w			c			m	
黄色			黑色			蓝色			绿色			红色			白色			亮青色			锰紫色		
.	o	x	+	*	s	–	:	-.	--	v	∧	〈	〉	d	p	h
点	圆	x	+	*	方	实线	点线	点虚线	虚线	下三角	上三角	左三角	右三角	金刚石		

线型与颜色可以任意组合,从而生成不同颜色和不同形状的曲线。举例:

plot(t, x,'c+:');就画出了用"+"标记的亮青色"点"线,而 plot(t, x,'c:')则只画出了亮青色的"点"线;plot(t, x,'bd')则画出了蓝色的"金刚石"线。

2)非线性刻度

Loglog(x, y, option):x 轴和 y 轴均为对数刻度;

Semilogx(x, y, option):x 轴为对数刻度;y 轴为线性刻度;

Semilogy(x, y, option):y 轴为对数刻度;x 轴为线性刻度;

其他的定义与 plot 命令完全相同。

3)选择图形窗口、图形窗口分割

figure(n):设定不同的图形窗口,其中 n 为正整数,为图形窗口编号;

hold on   hold off;

subplot(mnk):在同一窗口显示多个图形,其中 m 为上下分割个数,n 为左右分割个数,k 为子图编号。

4)设定轴的范围

axis[xmin xmax ymin ymax])。

5)文字显示

xlabel('字符串'),ylabel('字符串'):表明坐标的名称等;

title('字符串'):图的标题(图名);

text(x, y,'字符串'):在图上(x,y)处加注文字;

legend('字符串 1','字符串 2',…,'字符串 n'):在屏幕上开启一个小视窗,然后依据绘图命令的先后次序,用对应的字符串区分图形上的线;

gtext('字符串'):文本交互输入命令。

6)网格显示

grid on:显示网格;

grid off:去掉网格。

2. 其他绘图命令

bar(x, y):绘制长条图;

hist(x, y):绘制直方图;

stairs(x, y):绘制阶梯图;

stem(x, y):绘制火柴棍图(离散信号常用命令);

pie(x):绘制饼图;

ezplot：符号方法所用绘图命令。

【**例 2.1**】 画出衰减振荡曲线 $y=e^{-\frac{t}{3}}\sin 3t$ 及其他的包络线 $y_0=e^{-\frac{t}{3}}$。t 的取值范围是 $[0,4\pi]$。

```
t=0:pi/50:4*pi;                          % 定义自变量取值数组
y0=exp(-t/3);                            % 计算与自变量相应的 y0 数组
y=exp(-t/3).*sin(3*t);                   % 计算与自变量相应的 y 数组
plot(t,y,'-r',t,y0,':b',t,-y0,':b')      % 用不同颜色、线型绘制曲线
grid                                     % 在"坐标纸"画小方格
```

运行后得到如图 2-4 所示曲线。

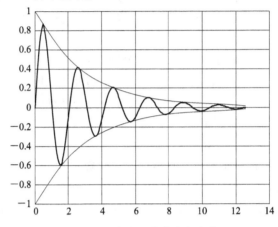

图 2-4 衰减振荡曲线与包络

【**例 2.2**】 用图形表示离散函数 $y=|(n-6)|^{-1}$。

```
clear all;
n=0:12;                                  % 产生一组自变量数据
y=1./abs(n-6);                           % 计算相应点的函数值
plot(n,y,'r*','MarkerSize',20)           % 用红花标出数据点
grid on                                  % 画坐标方格
```

运行后得到如图 2-5 所示曲线。

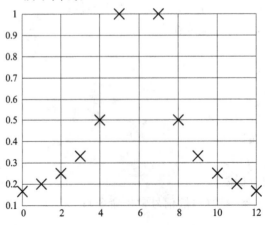

图 2-5 离散函数的可视化

【例 2.3】　用图形表示连续调制波形 $y=\sin(t)\sin(9t)$。

```
t1=(0:11)/11 * pi;                              %〈1〉
y1=sin(t1). * sin(9 * t1);
t2=(0:100)/100 * pi;                            %〈3〉
y2=sin(t2). * sin(9 * t2);
subplot(2,2,1),plot(t1,y1,'r.'),axis([0,pi,−1,1]),title('子图 (1)');
subplot(2,2,2),plot(t2,y2,'r.'),axis([0,pi,−1,1]),title('子图 (2)');
subplot(2,2,3),plot(t1,y1,t1,y1,'r.');
axis([0,pi,−1,1]),title('子图 (3)');
subplot(2,2,4),plot(t2,y2);
axis([0,pi,−1,1]),title('子图 (4)')。
```

运行后得到如图 2－6 所示曲线。

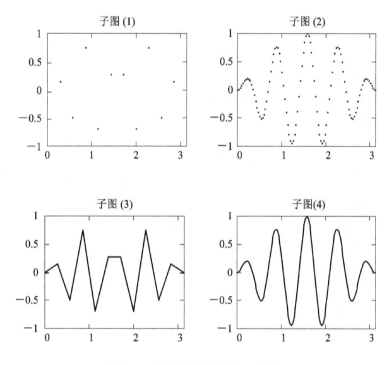

图 2－6　连续函数的图形表现方法

【例 2.4】　二阶系统阶跃响应。

```
clf; t=6 * pi * (0:100)/100; y=1−exp(−0.3 * t). * cos(0.7 * t);
tt=t(find(abs(y−1)>0.05)); ts=max(tt);
subplot(1,2,1),plot(t,y,'r−','LineWidth',3),grid on;
axis([0,6 * pi,0.6,max(y)]);
title('y=1−exp(−alpha * t) * cos(omega * t)');
text(11,1.25,'alpha=0.3'); text(11,1.15,'omega=0.7');
hold on; plot(ts,0.95,'bo','MarkerSize',10); hold off;
```

text(ts+1.5,0.95,['ts=' num2str(ts)]);

xlabel('t ——〉'),ylabel('y——〉');

subplot(1,2,2),plot(t,y,'r−','LineWidth',3);

axis([−inf,6 * pi,0.6,inf]);

set(gca,'Xtick',[2 * pi,4 * pi,6 * pi],'Ytick',[0.95,1,1.05,max(y)]);

grid on;

title('\it y = 1 − e^{ −\alphat}cos{\omegat}');

text(13.5,1.2,'\fontsize{12}{\alpha}=0.3');

text(13.5,1.1,'\fontsize{12}{\omega}=0.7');

hold on; plot(ts,0.95,'bo','MarkerSize',10); hold off;

cell_ string{1}='\fontsize{12}\uparrow';

cell_ string{2}='\fontsize{16} \fontname{隶书}镇定时间';

cell_ string{3}='\fontsize{6} ';

cell_ string{4}=['\fontsize{14}\rmt_{s} = ' num2str(ts)];

text(ts, 0.85,cell_ string);

xlabel('\fontsize{14} \bft \rightarrow');

ylabel('\fontsize{14} \bfy \rightarrow')。

运行后得到如图 2−7 所示曲线。

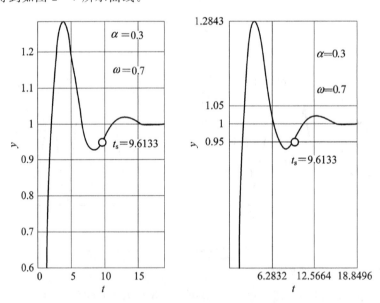

图 2−7　二阶阶跃响应图

【例 2.5】 利用 hold 绘制离散信号通过零阶保持器后产生的波形。

t=2 * pi * (0:20)/20; y=cos(t). * exp(−0.4 * t);

stem(t,y,'g'); hold on; stairs(t,y,'r'); hold off。

运行后得到如图 2−8 所示曲线。

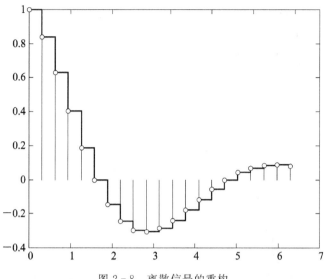

图 2 - 8　离散信号的重构

【例 2.6】　画出函数 $y = x\,\sin x$ 和积分 $s = \int_0^x (x\,\sin x)\mathrm{d}x$ 在区间 $[0,4]$ 上的曲线。

clf；dx＝0.1；x＝0：dx：4；y＝x.＊sin(x)；s＝cumtrapz(y)＊dx；

　　　　　　　　　　　　　　　　　　　　　　% 梯形法求累计积分

plotyy(x，y，x，s)，text(0.5，0，'\fontsize{14}\ity＝xsinx')；

sint＝'{\fontsize{16}\int_{\fontsize{8}0}^{ x}}'；

text(2.5，3.5，['\fontsize{14}\its＝'，sint，'\fontsize{14}\itxsinxdx'])。

运行后得到如图 2 - 9 所示曲线。

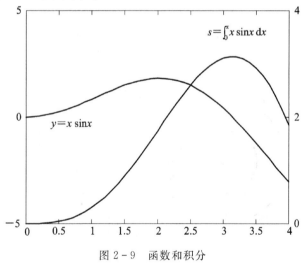

图 2 - 9　函数和积分

【例 2.7】　受热压力容器的期望温度是 $120°$，期望压力是 $0.25\ \mathrm{Mpa}$。在同一张图上画出它们的阶跃响应曲线。

S1＝tf([1 1]，[1 3 2 1])；　　　　　%温度的传递函数对象模型

S2＝tf(1，[1 1 1])；　　　　　　　　%压力的传递函数对象模型

[Y1，T1]＝step(S1)；　　　　　　　　%计算阶跃响应

[Y2,T2]＝step(S2)；   %计算阶跃响应

plotyy(T1,120 * Y1,T2,0.25 * Y2,'stairs','plot')

运行后得到如图 2－10 所示曲线。

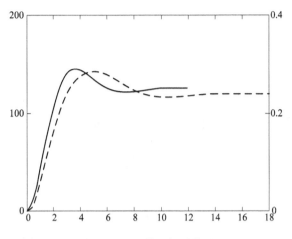

图 2－10　双纵坐标图演示

【例 2.8】　compass 和 feather 指令的区别。

t＝－pi/2:pi/12:pi/2；   %在[－90°,90°]区间，每15°取一点

r＝ones(size(t))；   %单位半径

[x,y]＝pol2cart(t,r)；   %极坐标转化为直角坐标

subplot(1,2,1),compass(x,y),title('Compass')；

subplot(1,2,2),feather(x,y),title('Feather')。

运行后得到如图 2－11 所示曲线。

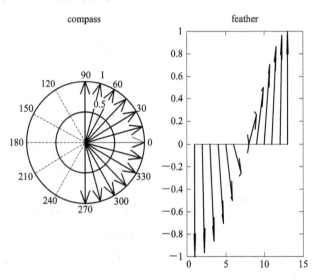

图 2－11　compass 和 feather 指令的区别

【例 2.9】　本例表现一个离散方波的快速傅里叶变换的幅频。本例左图用极坐标指令 polar 绘出，右图用三维离散杆图指令 stem3 绘出。

MATLAB 的 polar 指令是建筑在 plot 基础上的。指令执行后,出现的极坐标轴及分度标识也是由 plot 以一种"固定"模式产生的。因此,极坐标轴的控制很不灵活,它只能以比较简单的方式表达函数。如对于本例左图,由于图形小、线条细、文字太密等原因,就较难克服。相比而言,先借助极坐标和直角坐标转换,然后再通过直角坐标图形指令加以表现,往往更显灵活、方便,如本例的右图。

```
th=(0:127)/128 * 2 * pi;              %角度采样点
rho=ones(size(th));                   %单位半径
x=cos(th); y=sin(th);
f=abs(fft(ones(10,1),128));           %对离散方波进行 FFT 变换,并取幅值
rho=ones(size(th))+f';                %取单位圆为绘制幅频谱的基准
subplot(1,2,1),polar(th,rho,'r');
subplot(1,2,2),stem3(x,y,f','d','fill')%取菱形离散杆头,并填色
view([-65 30])                        %控制角度,为表现效果
```

运行后得到如图 2－12 所示曲线。

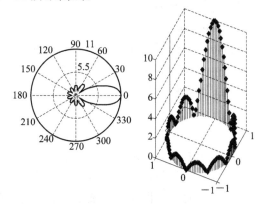

图 2－12　离散方波的幅频谱

2.3　Simulink 交互式仿真环境

2.3.1　Simulink 简介

Simulink 是一个进行动态系统建模、仿真和综合分析的集成软件包。它可以处理的系统包括:线性、非线性系统;离散、连续及混合系统;单任务、多任务离散事件系统。

在 Simulink 提供的图形用户界面 GUI 上,只要进行鼠标的简单拖拉操作就可构造出复杂的仿真模型。它外表以方块图形式呈现,且采用分层结构。从建模角度讲,这既适用于自上而下(Top-down)的设计流程(概念、功能、系统、子系统直至器件),又适用于自下而上(Bottom-up)的逆程设计。从分析研究角度讲,这种 Simulink 模型不仅能让用户知道具体环节的动态细节,而且能让用户清晰地了解各器件、各子系统、各系统间的信息交换,掌握各部分之间的交互影响。

在 Simulink 环境中，用户将摆脱理论演绎时需做理想化假设的无奈，观察到现实世界中摩擦、风阻、齿隙、饱和、死区等非线性因素和各种随机因素对系统行为的影响。在 Simulink 环境中，用户可以在仿真进程中改变感兴趣的参数，实时地观察系统行为的变化。由于 Simulink 环境使用户摆脱了深奥数学推演的压力和繁琐编程的困扰，因此用户在此环境中会产生浓厚的探索兴趣，引发活跃的思维，感悟出新的真谛。

在 MATLAB 5.3 版中，可直接在 Simulink 环境中运作的工具包很多，已覆盖通信、控制、信号处理、DSP、电力系统等诸多领域，所涉及内容专业性极强。

2.3.2　Simulink 仿真基础

在工程实际中，控制系统的结构往往很复杂，如果不借助专用的系统建模软件，则很难准确地把一个控制系统的复杂模型输入计算机，对其进行进一步的分析与仿真。

1990 年，Math Works 软件公司为 MATLAB 提供了新的控制系统模型图输入与仿真工具，并命名为 SIMULAB，该工具很快就在控制工程界获得了广泛的认可，使得仿真软件进入了模型化图形组态阶段。但因其名字与当时比较著名的软件 SIMULA 类似，所以 1992 年正式将该软件更名为 Simulink。

Simulink 的出现，给控制系统分析与设计带来了福音。顾名思义，该软件的名称表明了该系统的两个主要功能：Simu(仿真)和 Link(连接)，即该软件可以利用鼠标在模型窗口上绘制出所需要的控制系统模型，然后利用 Simulink 提供的功能来对系统进行仿真和分析。

1. 什么是 Simulink

Simulink 是 MATLAB 软件的扩展，它是实现动态系统建模和仿真的一个软件包，它与 MATLAB 语言的主要区别在于，其与用户交互接口是基于 Windows 的模型化图形输入，其结果是使得用户可以把更多的精力投入到系统模型的构建，而非语言的编程上。

所谓模型化图形输入是指 Simulink 提供了一些按功能分类的基本的系统模块，用户只需要知道这些模块的输入、输出及模块的功能，而不必考察模块内部是如何实现的，通过对这些基本模块的调用，再将它们连接起来就可以构成所需要的系统模型(以 .mdl 文件进行存取)，进而进行仿真与分析。

2. Simulink 的启动

(1) 在 MATLAB 命令窗口中输入 Simulink。结果是在桌面上出现一个称为 Simulink Library Browser 的窗口，在这个窗口中列出了按功能分类的各种模块的名称。

(2) 在 MATLAB 主窗口用快捷按钮打开 Simulink Library Browser 窗口。

3. Simulink 的模块库介绍

Simulink 模块库按功能进行分类，包括以下 8 类子库(如图 2-13)所示：

Linear(线性模块)；

Discrete(离散模块)；

Connections(连接模块)；

Demos(演示模块)；

Nonlinear(非线性模块)；

Blocksets&Toolboxes(块设置与工具箱模块);

Sinks(接收器模块);

Sources(输入源模块)。

每个模块内又有多个子模块,可以实现不同的功能。

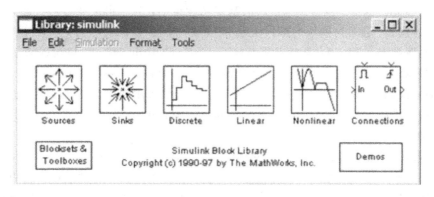

图 2 - 13 Simulink 模块库

4. Simulink 简单模型的建立及模型特点

(1) 简单模型的建立。

(2) 建立模型窗口。

(3) 将功能模块由模块库窗口复制到模型窗口。

(4) 对模块进行连接,从而构成需要的系统模型。

5. Simulink 功能模块的处理

功能模块的基本操作,包括模块的移动、复制、删除、转向、改变大小、模块命名、颜色设定、参数设定、属性设定、模块输入输出信号等。模块库中的模块可以直接用鼠标进行拖曳(选中模块,按住鼠标左键不放)而放到模型窗口中进行处理。在模型窗口中,选中模块,则其 4 个角会出现黑色标记,此时可以对模块进行以下的基本操作:

(1) 移动:选中模块,按住鼠标左键将其拖曳到所需的位置即可。若要脱离线而移动,可按住 Shift 键,再进行拖曳。

(2) 复制:选中模块,然后按住鼠标右键进行拖曳即可复制同样的一个功能模块。

(3) 删除:选中模块,按 Delete 键即可。若要删除多个模块,可以同时按住 Shift 键,再用鼠标选中多个模块,按 Delete 键即可。也可以用鼠标选取某区域,再按 Delete 键就可以把该区域中的所有模块和线等全部删除。

(4) 转向:为了能够顺序连接功能模块的输入和输出端,功能模块有时需要转向。在菜单 Format 中选择 Flip Block 旋转 180°,选择 Rotate Block 顺时针旋转 90°。或者直接按 Ctrl+F 键执行 Flip Block,按 Ctrl+R 键执行 Rotate Block。

(5) 改变大小:选中模块,对模块出现的 4 个黑色标记进行拖曳即可。

(6) 模块命名:先用鼠标在需要更改的名称上单击一下,然后直接更改即可。名称在功能模块上的位置也可以变换 180°,可以用 Format 菜单中的 Flip Name 来实现,也可以直接通过鼠标进行拖曳。Hide Name 可以隐藏模块名称。

（7）颜色设定：Format 菜单中的 Foreground Color 可以改变模块的前景颜色，Background Color 可以改变模块的背景颜色；而模型窗口的颜色可以通过 Screen Color 来改变。

（8）参数设定：用鼠标双击模块，就可以进入模块的参数设定窗口，从而对模块进行参数设定。参数设定窗口包含了该模块的基本功能帮助，为获得更详尽的帮助，可以点击其上的 help 按钮。通过对模块的参数设定，就可以获得需要的功能模块。

（9）属性设定：选中模块，打开 Edit 菜单的 Block Properties 可以对模块进行属性设定。包括 Description 属性、Priority 优先级属性、Tag 属性、Open function 属性、Attributes format string 属性。其中 Open function 属性是一个很有用的属性，通过它指定一个函数名，则当该模块被双击之后，Simulink 就会调用该函数执行，这种函数在 MATLAB 中称为回调函数。

（10）模块的输入输出信号：模块处理的信号包括标量信号和向量信号；标量信号是一种单一信号，而向量信号为一种复合信号，是多个信号的集合，它对应着系统中几条连线的合成。缺省情况下，大多数模块的输出都为标量信号，对于输入信号，模块都具有一种"智能"的识别功能，能自动进行匹配。某些模块通过对参数的设定，可以使模块输出向量信号。

6. Simulink 线的处理

Simulink 模型的构建是通过用线将各种功能模块进行连接而构成的。用鼠标可以在功能模块的输入与输出端之间直接连线。所画的线可以改变粗细、设定标签，也可以把线折弯、分支。

（1）改变粗细：线所以有粗细是因为线引出的信号可以是标量信号或向量信号，当选中 Format 菜单下的 Wide Vector Lines 时，线的粗细会根据线所引出的信号是标量还是向量而改变，如果信号为标量则为细线，若为向量则为粗线。选中 Vector Line Widths 则可以显示出向量引出线的宽度，即向量信号由多少个单一信号合成。

（2）设定标签：只要在线上双击鼠标，即可输入该线的说明标签。也可以通过选中线，然后打开 Edit 菜单下的 Signal Properties 进行设定，其中 Signal Name 属性的作用是标明信号的名称，设置这个名称反映在模型上的直接效果就是与该信号有关的端口相连的所有直线附近都会出现写有信号名称的标签。

（3）线的折弯：按住 Shift 键，再用鼠标在要折弯的线处单击一下，就会出现圆圈，表示折点，利用折点就可以改变线的形状。

（4）线的分支：按住鼠标右键，在需要分支的地方拉出即可。或者按住 Ctrl 键，并在要建立分支的地方用鼠标拉出即可。

7. Simulink 自定义功能模块

自定义功能模块有两种方法，一种方法是采用 Signal&Systems 模块库中的 Subsystem 功能模块，利用其编辑区设计组合新的功能模块；另一种方法是将现有的多个功能模块组合起来，形成新的功能模块。对于很大的 Simulink 模型，通过自定义功能模块可以简化图形，减少功能模块的个数，有利于模型的分层构建。

1）方法 1

（1）将 Signal&Systems 模块库中的 Subsystem 功能模块复制到打开的模型窗口中。

（2）双击 Subsystem 功能模块，进入自定义功能模块窗口，从而可以利用已有的基本功能模块设计出新的功能模块。

2）方法 2

（1）在模型窗口中建立所定义功能模块的子模块。

（2）用鼠标将这些需要组合的功能模块框住，然后选择 Edit 菜单下的 Create Subsystem 即可。

8. 自定义功能模块的封装

上面提到的两种方法都只是创建一个功能模块而已，如果要命名该自定义功能模块、对功能模块进行说明、选定模块外观、设定输入数据窗口，则需要对其进行封装处理。首先选中 Subsystem 功能模块，再打开 Edit 菜单中的 Mask Subsystem 进入 Mask 的编辑窗口，可以看出有 3 个标签页：

1）Icon 标签页

此页最重要的部分是 Drawing Commands，在该区域内可以用 disp 指令设定功能模块的文字名称，用 plot 指令画线，用 dpoly 指令画转换函数。

注意，尽管这些命令在名字上和以前讲的 MATLAB 函数相同，但它们在功能上却不完全相同，因此不能随便套用以前所讲的格式。

（1）disp('text')可以在功能模块上显示设定的文字内容。disp('text1\ntext2')分行显示文字 text1 和 text2。

（2）plot([x1 x2 … xn],[y1 y2 … yn])指令会在功能模块上画出由[x1 y1]经[x2 y2]经[x3 y3] … 直到[xn,yn]为止的直线。功能模块的左下角会根据目前的坐标刻度被正规化为[0,0]，右上角则会依据目前的坐标刻度被正规化为[1,1]。

（3）dpoly(num,den)：按 s 次数的降幂排序，在功能模块上显示连续的传递函数。

（4）dpoly(num,den,'z')：按 z 次数的降幂排序，在功能模块上显示离散的传递函数。

用户还可以设置一些参数来控制图标的属性，这些属性在 Icon 页右下端的下拉式列表中进行选择。

（5）Icon frame：Visible 显示外框线；Invisible 隐藏外框线。

（6）Icon Transparency：Opaque 隐藏输入输出的标签；Transparent 显示输入输出的标签。

（7）Icon Rotation：旋转模块。

（8）Drawing Coordinate：画图时的坐标系。

2）Initialization 标签页

此页主要用来设计输入提示(prompt)以及对应的变量名称(variable)。在 prompt 栏上输入变量的含义，其内容会显示在输入提示中。而 variable 是仿真要用到的变量，该变量的值一直存于 mask workspace 中，因此可以与其他程序相互传递。

如果配合在 initialization commands 内编辑程序，可以发挥功能模块的功能来执行特定的操作。

（1）在 prompt 编辑框中输入文字，这些文字就会出现在 Prompt 列表中；在 variable 列表中输入变量名称，则 prompt 中的文字对应该变量的说明。如果要增加新的项目，可以点击边上的 Add 键。Up 和 Down 按钮用于执行项目间的位置调整。

（2）Control type 列表给用户提供选择设计的编辑区，选择 Edit 会出现供输入的空白区域，所输入的值代表对应的 variable；Popup 则为用户提供可选择的列表框，所选的值代表 variable，此时在下面会出现 Popup strings 输入框，用来设计选择的内容，各值之间用逻辑或符号"|"隔开；如选择 Checkbox 则用于 on 与 off 的选择设定。

3）Documentation 标签页

此页主要用来针对完成的功能模块来编写相应的说明文字和 help。

（1）在 Block description 中输入的文字，会出现在参数窗口的说明部分。

（2）在 Block help 中输入的文字则会显示在单击参数窗口中的 help 按钮后浏览器所加载的 HTML 文件中。

（3）Mask type：在此处输入的文字作为封装模块的标注性说明，在模型窗口下，将鼠标指向模块，则会显示该文字。当然必须先在 View 菜单中选择 Block Data Tips——Show Block Data Tips。

9. Simulink 的运行

构建好一个系统的模型之后，接下来的事情就是运行模型，得出仿真结果。运行一个仿真的完整过程分成三个步骤：设置仿真参数，启动仿真和仿真结果分析。设置仿真参数和选择解法器，选择 Simulation 菜单下的 Parameters 命令，就会弹出一个仿真参数对话框，它主要用三个页面来管理仿真的参数。

1）Solver 页

此页可以进行的设置有：选择仿真开始和结束的时间；选择解法器，并设定它的参数；选择输出项。

（1）仿真时间：注意这里的时间概念与真实的时间并不一样，只是计算机仿真中对时间的一种表示，比如 10 秒的仿真时间，如果采样步长定为 0.1，则需要执行 100 步，若把步长减小，则采样点数增加，那么实际的执行时间就会增加。一般仿真开始时间设为 0，而结束时间视不同的因素而选择。总的来说，执行一次仿真要耗费的时间依赖于很多因素，包括模型的复杂程度、解法器及其步长的选择、计算机时钟的速度等等。

（2）仿真步长模式：用户在 Type 后面的第一个下拉选项框中指定仿真的步长选取方式，可供选择的有 Variable-step（变步长）和 Fixed-step（固定步长）方式。变步长模式可以在仿真的过程中改变步长，提供误差控制和过零检测。固定步长模式在仿真过程中提供固定的步长，不提供误差控制和过零检测。用户还可以在第二个下拉选项框中选择对应模式下仿真所采用的算法。变步长模式解法器有：ode45，ode23，ode113，ode15s，ode23s，ode23t，ode23tb 和 discrete。固定步长模式解法器有：ode5，ode4，ode3，ode2，ode1 和 discrete。

（3）步长参数：对于变步长模式，用户可以设置最大的和推荐的初始步长参数，缺省情况下，步长自动确定，它由值 auto 表示。

（4）仿真精度的定义（对于变步长模式）：

Relative tolerance（相对误差）：它是指误差相对于状态的值，是一个百分比，缺省值为 1e−3，表示状态的计算值要精确到 0.1%。

Absolute tolerance（绝对误差）：表示误差值的门限，或者是说在状态值为零的情况下，可以接受的误差。如果它被设成了 auto，那么 Simulink 为每一个状态的设置的初始绝对误差为 1e—6。

（5）Mode（固定步长模式选择）。

（6）输出选项：

Refine output：这个选项可以理解成精细输出，其意义是在仿真输出太稀松时，Simulink 会产生额外的精细输出，这一点就像插值处理一样。用户可以在 refine factor 设置仿真时间步间插入输出点数。产生更光滑的输出曲线，改变精细因子比减小仿真步长更有效。精细输出只能在变步长模式中才能使用，并且在 ode45 效果最好。

Produce additional output：它允许用户直接指定产生输出的时间点。一旦选择了该项，则在它的右边出现一个 output times 编辑框，在这里用户指定额外的仿真输出点，它既可以是一个时间向量，也可以是表达式。与精细因子相比，这个选项会改变仿真的步长。

Produce specified output only：它的意思是让 Simulink 只在指定的时间点上产生输出。为此解法器要调整仿真步长以使之和指定的时间点重合。这个选项在比较不同的仿真时可以确保它们在相同的时间输出。

2）Workspace I/O 页

此页主要用来设置 Simulink 与 MATLAB 工作空间交换数值的有关选项。

（1）Load from workspace：选中前面的复选框即可从 MATLAB 工作空间获取时间和输入变量，一般时间变量定义为 t，输入变量定义为 u。Initial state 用来定义从 MATLAB 工作空间获得的状态初始值的变量名。

（2）Save to workspace：用来设置存往 MATLAB 工作空间的变量类型和变量名，选中变量类型前的复选框使相应的变量有效。一般存往工作空间的变量包括输出时间向量（Time）、状态向量（States）和输出变量（Output）。Final state 用来定义将系统稳态值存往工作空间所使用的变量名。

（3）Save option：用来设置存往工作空间的有关选项。Limit rows to last 用来设定 Simulink 仿真结果最终可存往 MATLAB 工作空间的变量的规模（对于向量而言就是其维数，对于矩阵而言就是其秩）；Decimation 设定了一个亚采样因子，它的缺省值为 1，也就是对每一个仿真时间点产生值都保存，而若为 2，则是每隔一个仿真时刻才保存一个值。Format 用来说明返回数据的格式，包括矩阵（Matrix）、结构（Struct）及带时间的结构（Struct with time）。

3）Diagnostics 页

此页分成两个部分：仿真选项和配置选项。配置选项下的列表框主要列举了一些常见的事件类型，以及当 Simulink 检查到这些事件时给予的处理。仿真选项 options 主要包括是否进行一致性检验、是否禁用过零检测、是否禁止复用缓存、是否进行不同版本的 Simulink 的检验等几项。

除了上述 3 个主要的页外，仿真参数设置窗口还包括 real-time workshop 页，主要用于与 C 语言编辑器的交换，通过它可以直接从 Simulink 模型生成代码并且自动建立可以在不同环境下运行的程序，这些环境包括实时系统和单机仿真。

2.3.3 Simulink 仿真举例

【例 2.10】 演示"示波"模块的向量显示能力(如图 2-14 所示)。

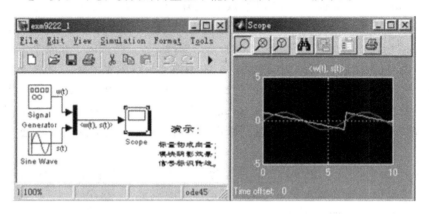

图 2-14 示波器显示向量波形

【例 2.11】 演示"求和"模块的向量处理能力:输入扩展(如图 2-15 所示)。

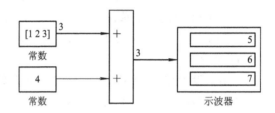

图 2-15 输入的标量扩展

【例 2.12】 演示"增益"模块的向量处理能力:参数扩展(如图 2-16 所示)。

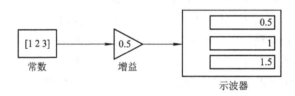

图 2-16 模块参数的标量扩展

【例 2.13】 (1)编写一个产生信号矩阵的 M 函数文件。

```
function TU=source925_1(T0,N0,K)
t=linspace(0,K*T0,K*N0+1);
N=length(t);
u1=t(1:(N0+1)).^2;
u2=(t((N0+2):(2*N0+1))-2*T0).^2;
u3(1:(N-(2*N0+2)+1))=0;
u=[u1,u2,u3];
TU=[t',u'];
```

（2）构造简单的接收信号用的实验模型（如图 2 - 17 所示）。

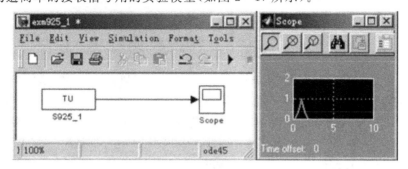

图 2 - 17　接收信号用的实验模型

【例 2.14】　假设从实际自然界（力学、电学、生态等）或社会中，抽象出有初始状态为 0 的二阶微分方程 $x''+0.2x'+0.4x=0.2u(t)$，$u(t)$ 是单位阶跃函数。本例演示如何用积分器直接构建求解该微分方程的模型。

（1）改写微分方程。

（2）利用 Simulink 库中的标准模块构建模型（如图 2 - 18 所示）。

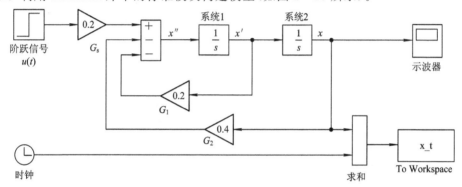

图 2 - 18　求解微分方程的 Simulink 模型

【例 2.15】　直接利用传递函数模块求解方程。构造如图 2.18 所示的模型（如图 2 - 19 所示），观察系统的输出。

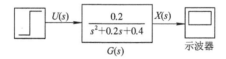

图 2 - 19　由传递函数模块构成的仿真模型

练　习　题

1. 已知 $A=1:9$，试分别确定 $B=\sim(A>5)$，$C=(A>3)\&(A<7)$ 的值。

2. 输入一个字符，若为大写字母，则输出其后继字符，若为小写字母，则输出其前导字符，若为其他字符则原样输出。试利用 MATLAB 语言编写相关程序。

3. 编程实现如下关系：$y=a*x$

$$a = \begin{cases} 0.5, & 0 \leqslant x < 5 \\ 1, & 5 \leqslant x < 10 \\ 1.5, & 10 \leqslant x < 15 \\ 2, & x \geqslant 15 \end{cases}$$

4. 在一个图形窗口中同时绘制正弦、余弦、正切、余切曲线，试编写相应的程序。

5. 已知矩阵 $\boldsymbol{A}$＝[1 2 3；4 5 6；7 8 9；9 8 7]，试分别用 triu(A)、triu(A,1) 和 triu(A，－1)从矩阵 $\boldsymbol{A}$ 提取相应的上三角部分构成的上三角阵 $\boldsymbol{B}$、$\boldsymbol{C}$ 和 $\boldsymbol{D}$。

6. 已知 A＝1:9，试分别确定 B＝10－A，$r0$＝(A<4)和 $r1$＝(A==B) 的值。

7. 输入三角形的三条边，求其面积，试利用 MATLAB 语言编写相关程序。

8. 已知矩阵 $\boldsymbol{A}$＝[1 2 3；4 5 6]，试从矩阵 $\boldsymbol{A}$ 分别提取主对角线及它两侧对角线构成的向量 $\boldsymbol{B}$、$\boldsymbol{C}$ 和 $\boldsymbol{D}$，给出相关的结果。

9. 编写一个 M 文件，画出下列分段函数所表示的曲面。

$$p(x, y) = \begin{cases} 0.54\mathrm{e}^{-0.75x^2-3.75y^2-1.5y}, & x+y > 1 \\ 0.7575\mathrm{e}^{-x^2-6y^2}, & -1 < x+y \leqslant 1 \\ 0.5457\mathrm{e}^{-0.75x^2-3.75y^2+1.5y}, & x+y \leqslant -1 \end{cases}$$

第 3 章　控制系统模型及转换

　　控制系统的数学模型在控制系统的研究中具有相当重要的地位，要对系统进行仿真处理与分析，首先应当知道系统的数学模型，然后才可以对系统进行模拟。同样，知道了系统的模型，才可以在此基础上设计一个合适的控制器，使得原系统响应达到预期的效果，从而符合工程实际的需要。

　　控制系统的数学模型是描述控制系统输入、输出以及内部各变量的静态和动态关系的数学表达式。控制系统的数学模型有多种形式，如代数方程、微分方程、传递函数、差分方程、脉冲传递函数、状态方程、方框图、结构图、信号流图和静态、动态关系表等。

　　控制系统的数学模型的求取，可采用解析法或实验法。系统的数学模型关系到整个系统的分析和研究，建立合理的数学模型是分析和研究自动控制系统最重要的基础。

　　在控制系统仿真中常用的数学模型形式并不是很多，最常用的有传递函数模型（系统的外部模型）、状态方程模型（系统的内部模型）、零极点模型和部分分式模型等。这些模型之间都有着内在的联系，可以相互进行转换。在不同的场合需要用不同的模型，因而它们之间的转换也显得非常重要。同时，由于工程应用中的对象往往都是较复杂的实体，因此模型之间的连接也是分析具体控制系统的基础。

3.1　系统数学模型及其转换

3.1.1　系统的时域模型

　　常微分方程是控制系统模型的基本形式之一。一般来讲，利用机械学、电学、流体力学和热力学等物理规律，便可以得到控制系统的动态方程，这些方程通常用常系数线性微分方程来描述。通过拉普拉斯变换和反变换，可以得到线性时不变方程的解析解，也可以用状态方程转换矩阵 $\phi(t)$ 求解。这些分析方法通常只限于常系数的线性微分方程。解析解是精确的，然而通常寻找解析解是很困难的，甚至不太可能，而数值分析方法直接在时域求解微分方程，不仅适用于线性时不变方程，也适用于非线性以及时变微分方程。

　　MATLAB 提供了两个求解微分方程数值解的函数，它们采用龙格—库塔法。ode23( ) 和 ode45( ) 分别表示采用 2 阶和 4 阶龙格—库塔公式，后者具有更高的精度。

　　连续时间系统用微分方程描述。

　　对于单输入单输出（SISO）系统，其微分方程的一般形式为

$$a_n y^{(n)}(t) + a_{n-1} y^{(n-1)}(t) + \cdots + a_0 y(t) = b_m u^{(m)}(t) + b_{m-1} u^{(m-1)}(t) + \cdots + b_0 u(t)$$

$$(3-1)$$

其中，y 和 u 分别为系统的输出与输入，a_i 和 b_i 分别表示输出和输入各导数项系数。

离散时间系统用差分方程描述。其差分方程的一般形式为

$$g_n y[(k+n)T] + g_{n-1} y[(k+n-1)T] + \cdots + g_1 y[(k+1)T] + g_0 y(kT)$$
$$= f_m u[(k+m)T] + f_{m-1} u[(k+m-1)T] + \cdots$$
$$+ f_1 u[(k+1)T] + f_0 u(kT) \qquad (3-2)$$

其中，y 和 u 分别为系统的输出和输入，g_i 和 f_i 分别为输出、输入各项系数。

若式(3-1)和式(3-2)的输入和输出各项系数为常数，则它们所描述的系统称为线性时不变系统(LTI)。MATLAB 控制工具箱对线性时不变系统的建模分析和设计提供了大量完善的工具函数。

微分方程和差分方程仅是描述系统动态特性的基本形式，经过变换可得到系统数学模型的其他形式：传递函数模型、零极点模型、状态空间模型等。

3.1.2　系统的传递函数模型

传递函数是经典控制论描述系统数学模型的一种方法，它表达了系统输入量和输出量之间的关系。它只和系统本身的结构、特性和参数有关。而与输入量的变化无关。传递函数是研究线性系统动态响应和性能的重要工具。

线性时不变系统的传递函数定义为，在零初始条件下系统输出量的拉普拉斯变换函数与输入量的拉普拉斯变换函数之比。尽管传递函数只能用于线性系统，但它比微分方程提供了更为直观的信息。

若令传递函数的分母多项式等于 0，便得到特征方程。特征方程的根是系统的极点，而分子多项式的零解为系统零点。传递函数也可由常数项与系统的零、极点来确定，常数项通常记作 k，是系统的增益。

利用传递函数，便可以方便地研究系统参数的变化对响应的影响，通过拉普拉斯反变换可以得到系统的时域响应，通常需要用有理函数的部分分式展开。

本节将举例介绍 MATLAB 中求特征多项式的根，求传递函数零、极点，部分分式展开以及已知零、极点求传递函数的功能。

对于一个单输入单输出连续系统，系统相应的微分方程如式(3-1)所示。对此微分方程作拉普拉斯变换，则该连续系统的传递函数为线性定常系统的传递函数，传递函数 $G(s)$ 一般表示为

$$G(s) = \frac{b_m s^m + b_{m-1} s^{m-1} + \cdots + b_1 s + b_0}{a_n s^n + a_{n-1} s^{n-1} + \cdots + a_1 s + a_0}, \quad n \geqslant m \qquad (3-3)$$

其中令

$$B(s) = b_m s^m + b_{m-1} s^{m-1} + \cdots + b_1 s + b_0$$
$$A(s) = a_n s^n + a_{n-1} s^{n-1} + \cdots + a_1 s + a_0$$

分别为分子多项式与分母多项式。$b_j (j=0, 1, 2, \cdots, m)$ 和 $a_i (i=0, 1, 2, \cdots, n)$ 均为常系数。

由于用 $b_j (j=0, 1, 2, \cdots, m)$ 和 $a_i (i=0, 1, 2, \cdots, n)$ 可以唯一地确定一个系统，因此在 MATLAB 中可以用向量 num=$[b_m, b_{m-1}, \cdots, b_1, b_0]$ 和 den=$[a_n, a_{n-1}, \cdots, a_1, a_0]$ 来表示传递函数 $G(s)$ 的多项式模型。

在 MATLAB 中,用函数 TF(Transfer Function)可以建立一个连续系统传递函数模型,其调用格式为

sys=tf(num, den)

其中,num 为传递函数分子系数向量,den 为传递函数分母系数向量。

若系统的输入和输出量不是一个,而是多个,则称为多输入多输出系统(MIMO)。与单输入单输出系统类似,多输入多输出系统的数学模型形式也有微分方程模型、传递函数模型、矩阵状态空间模型和零、极点模型。

对于单输入单输出离散时间系统,对式(3-2)进行 $\mathscr{L}$ 变换,则可得到该离散系统的脉冲传递函数(或 z 传递函数):

$$G(z) = \frac{Y(z)}{U(z)} = \frac{f_m z^m + f_{m-1} z^{m-1} + \cdots + f_0}{g_n z^n + g_{n-1} z^{n-1} + \cdots + g_0} \tag{3-4}$$

其中,对线性时不变离散系统来讲,式(3-4)中 f_i 和 g_i 均为常数。

在 MATLAB 中,可用函数多项式模型来建立系统函数模型,调用格式为:

sys=tf(num, den, Ts)

其中,num 为 z 传递函数分子系数向量,den 为 z 传递函数分母系数向量,Ts 为采样周期。

传递函数模型形式用于单输入单输出系统建模非常方便,也可用它来描述多输入多输出系统,MATLAB 提供用传递函数矩阵表达多输入多输出系统模型。

3.1.3 系统的状态空间模型

微分方程和传递函数均是描述系统性能的数学模型,它只能反映出系统输入和输出之间的对应关系,通常称之为外部模型。而在系统仿真时,常常要考虑到系统中各变量的初始状态,这样就要用到系统的内部模型——状态变量描述。

给定一个线性连续系统,其微分方程描述为

$$\frac{d^n y}{dt^n} + a_1 \frac{d^{n-1} y}{dt^{n-1}} + \cdots + a_{n-1} \frac{dy}{dt} + a_n y = u \tag{3-5}$$

式中:u 为系统的输入量;y 为输出量。

现引入 n 个状态变量,即 $x_1, x_2, \cdots, x_n$,各个状态变量的一阶导数与状态变量和式(3-5)原始方程中的各导数项的对应关系

$$\boldsymbol{x} = \begin{bmatrix} x_1 \\ x_2 \\ \vdots \\ x_n \end{bmatrix}$$

为系统状态变量矩阵。

$$\dot{\boldsymbol{x}} = \begin{bmatrix} \dot{x}_1 \\ \dot{x}_2 \\ \vdots \\ \dot{x}_n \end{bmatrix}$$

为状态变量的一阶导数矩阵。

$$
\begin{cases}
x_1 = y \\
\dot{x}_1 = x_2 = \dfrac{\mathrm{d}y}{\mathrm{d}t} \\
\dot{x}_2 = x_3 = \dfrac{\mathrm{d}^2 y}{\mathrm{d}t^2} \\
\vdots \\
\dot{x}_{n-1} = x_n = \dfrac{\mathrm{d}^{n-1} y}{\mathrm{d}t^{n-1}} \\
\dot{x}_n = x_{n+1} = \dfrac{\mathrm{d}^n y}{\mathrm{d}t^n} = -a_n y - a_{n-1}\dfrac{\mathrm{d}y}{\mathrm{d}t} - a_{n-2}\dfrac{\mathrm{d}^2 y}{\mathrm{d}t^2} - \cdots - a_1 \dfrac{\mathrm{d}^{n-1} y}{\mathrm{d}t^{n-1}} + u
\end{cases}
$$

将上述 n 个一阶微分方程组成矩阵形式，可以表示为

$$
\begin{bmatrix} \dot{x}_1 \\ \dot{x}_2 \\ \vdots \\ \dot{x}_n \end{bmatrix}
=
\begin{bmatrix}
0 & 1 & 0 & \cdots & 0 \\
0 & 0 & 1 & \cdots & 0 \\
\vdots & \vdots & \vdots & & \vdots \\
-a_n & -a_{n-1} & -a_{n-2} & \cdots & -a_1
\end{bmatrix}
\begin{bmatrix} x_1 \\ x_2 \\ \vdots \\ x_n \end{bmatrix}
+
\begin{bmatrix} 0 \\ 0 \\ \vdots \\ 1 \end{bmatrix}
\boldsymbol{u}
\tag{3-6}
$$

$$
\boldsymbol{y} = \begin{bmatrix} 1 & 0 & \cdots & 0 \end{bmatrix}
\begin{bmatrix} x_1 \\ x_2 \\ \vdots \\ x_n \end{bmatrix}
\tag{3-7}
$$

$$
\boldsymbol{A} =
\begin{bmatrix}
0 & 1 & 0 & \cdots & 0 \\
0 & 0 & 1 & \cdots & 0 \\
\vdots & \vdots & \vdots & & \vdots \\
-a_n & -a_{n-1} & -a_{n-2} & \cdots & -a_1
\end{bmatrix}
$$

为状态变量系数矩阵。

$$
\boldsymbol{B} =
\begin{bmatrix} 0 \\ 0 \\ \vdots \\ 1 \end{bmatrix}
$$

为输入变量系数矩阵。

$$
\boldsymbol{C} = \begin{bmatrix} 1 & 0 & \cdots & 0 \end{bmatrix}
$$

为输出变量系数矩阵。

对一特定系统(可以是线性或非线性的、定常或时变的)，当引入 n 个状态变量时，将其化为 n 个一阶微分方程组的形式，再对其采用矩阵描述，可以得到：

$$
\left.
\begin{aligned}
\dot{\boldsymbol{x}} &= \boldsymbol{Ax} + \boldsymbol{By} \\
\boldsymbol{y} &= \boldsymbol{Cx} + \boldsymbol{Du}
\end{aligned}
\right\}
\tag{3-8}
$$

式中：$\boldsymbol{x}$ 为状态向量，$\boldsymbol{u}$ 为输入向量，$\boldsymbol{y}$ 为输出向量；$\boldsymbol{A}$ 为状态变量系数矩阵，简称为系统矩阵；$\boldsymbol{B}$ 为输入变量系数矩阵，简称为输入矩阵；$\boldsymbol{C}$ 为输出变量系数矩阵，简称为输出矩阵；$\boldsymbol{D}$ 为输出变量系数矩阵，简称为直接传递矩阵。

$$
\dot{\boldsymbol{x}} = \boldsymbol{Ax} + \boldsymbol{By} \quad\text{——系统的状态方程}
$$

$$y = Cx + Du \text{——系统的输出方程}$$

两者组合后称为系统的状态空间描述。

在 MATLAB 中，用函数 ss 可以建立一个连续系统状态空间模型，调用格式为：

sys＝ss(A，B，C，D)

其中，A，B，C，D 为系统状态方程系数矩阵。

对于离散时间系统而言，状态空间模型可以写成：

$$x(k+1) = Fx(k) + Gu(k)$$
$$y(k+1) = Cx(k+1) + Du(k) \tag{3-9}$$

在 MATLAB 中，用函数 ss 也可以建立一个离散时间系统的传递函数模型，其调用格式为

sys＝ss(F，G，C，D，Ts)

其中，F，G，C，D 为离散系统状态方程系数矩阵；Ts 为采样周期。

【例 3.1】　线性系统的状态变量方程为

$$\begin{bmatrix} \dot{x}_1 \\ \dot{x}_2 \end{bmatrix} = \begin{bmatrix} 0 & 1 \\ -2 & -3 \end{bmatrix} \begin{bmatrix} x_1 \\ x_2 \end{bmatrix} + \begin{bmatrix} 0 & 1 \\ 2 & 0 \end{bmatrix} \begin{bmatrix} u_1 \\ u_2 \end{bmatrix}$$

$$\begin{bmatrix} y_1 \\ y_2 \end{bmatrix} = \begin{bmatrix} 0 & 3 \\ 1 & 3 \end{bmatrix} \begin{bmatrix} x_1 \\ x_2 \end{bmatrix} + \begin{bmatrix} 1 & 0 \\ 0 & 2 \end{bmatrix} \begin{bmatrix} u_1 \\ u_2 \end{bmatrix}$$

其各个系数矩阵分别为

$$\boldsymbol{a} = \begin{bmatrix} 0 & 1 \\ -2 & -3 \end{bmatrix}$$

$$\boldsymbol{b} = \begin{bmatrix} 0 & 1 \\ 2 & 0 \end{bmatrix}$$

$$\boldsymbol{c} = \begin{bmatrix} 0 & 3 \\ 1 & 3 \end{bmatrix}$$

$$\boldsymbol{d} = \begin{bmatrix} 1 & 0 \\ 0 & 2 \end{bmatrix}$$

利用这些系数矩阵就可以在 MATLAB 中表示该系统。

【例 3.2】　写出下列系统的状态变量方程在 MATLAB 中的矩阵表示：

$$\dot{\boldsymbol{x}} = \begin{bmatrix} 1 & 6 & 9 & 10 \\ 3 & 12 & 6 & 8 \\ 4 & 7 & 9 & 11 \\ 5 & 12 & 13 & 14 \end{bmatrix} \boldsymbol{x} + \begin{bmatrix} 4 & 6 \\ 2 & 4 \\ 2 & 2 \\ 1 & 0 \end{bmatrix} \boldsymbol{u}$$

$$\boldsymbol{y} = \begin{bmatrix} 0 & 0 & 2 & 1 \\ 8 & 0 & 2 & 2 \end{bmatrix} \boldsymbol{x}$$

$$\boldsymbol{A} = \begin{bmatrix} 1 & 6 & 9 & 10 \\ 3 & 12 & 6 & 8 \\ 4 & 7 & 9 & 11 \\ 5 & 12 & 13 & 14 \end{bmatrix}$$

$$\boldsymbol{B} = \begin{bmatrix} 4 & 6 \\ 2 & 4 \\ 2 & 2 \\ 1 & 0 \end{bmatrix}$$

$$\boldsymbol{C} = \begin{bmatrix} 0 & 0 & 2 & 1 \\ 8 & 0 & 2 & 2 \end{bmatrix}$$

$$\boldsymbol{D} = \mathrm{zeros}(2, 2)$$

3.1.4 系统模型的其他形式

1. 系统的零极点增益模型

零极点模型（ZP，Zero-Pole）实际上是传递函数模型的另一种形式，其方法是对原系统传递函数的分子和分母多项式进行分解，以获得系统的零极点表达形式。

对于单输入单输出连续系统来讲，其零极点模型为

$$G(s) = K \frac{(s - z_1)(s - z_2)\cdots(s - z_m)}{(s - p_1)(s - p_2)\cdots(s - p_n)} \tag{3-10}$$

式中，$z_i(i = 1, 2, \cdots, m)$ 和 $p_j(j = 1, 2, \cdots, n)$ 分别为系统的零点和极点，K 为系统增益。

在 MATLAB 中，可以用函数 zpk 来直接建立连续系统的零极点增益模型，其调用格式为

sys＝zpk(z, p, k)

其中，z、p、k 分别为系统的零点向量、极点向量和增益。

对于离散时间系统，也可以用函数 zpk 建立零极点增益模型，其调用格式为

sys＝zpk(z, p, k, Ts)

其中，Ts 为采样周期。

同时，MATLAB 提供了多项式求根函数 roots 来求系统的零极点，调用格式为

z＝roots(num)

或　p＝roots(den)

其中，num、den 分别为传递函数模型的分子和分母多项式系数向量。

图 3-1 中系统的传递函数为

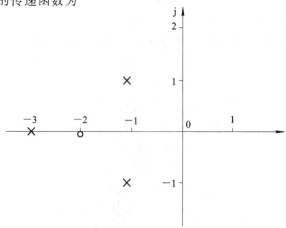

图 3-1　传递函数的零、极点分布图

$$G(s) = \frac{s+2}{(s+3)(s^2+2s+2)}$$

可见，系统传递函数的零点为 $s=-2$，传递函数的极点分别为 $s_1=-3$，$s_{2,3}=1\pm j$。

对于多输入多输出系统，函数 zpk 也可建立其零极点增益模型，调用格式与单输入单输出系统相同，但 z，p，k 不再是一维向量，而是矩阵。

2. 传递函数的部分分式展开

控制系统中常用到并联系统，这时就要对系统函数进行分解，使其表现为一些基本控制单元的和的形式。在 MATLAB 中经常用到函数 $[z, p, k] = residue(num, den)$ 对两个多项式的比进行部分展开或把传递函数分解为微分单元的形式，其中 b 和 a 是按照 s 降幂排列的多项式的系数。部分分式展开后，余数返回到向量 r，极点返回到列向量 p，常数项返回到 k。通过 $[num, den] = residue(z, p, k)$ 可以将部分分式转化为多项式的比 $p(s)/q(s)$ 的形式。

【例 3.3】 求下列传递函数的 MATLAB 描述：

(1)　$G(s) = \dfrac{12s^3 + 24s^2 + 20}{2s^4 + 4s^3 + 6s^2 + 2s + 2}$

在 MATLAB 中，该传递函数可以用如下的语句来描述：

num＝[12,24,0,20]；
den＝[2 4 6 2 2]。

(2)　$G(s) = \dfrac{4(s+2)(s^2+6s+6)^2}{s(s+1)^3(s^3+3s^2+2s+5)}$

在 MATLAB 中，也可以借助多项式乘法函数 conv 来描述传递函数，例如该传递函数可以用如下的语句来描述：

num＝4 * conv ([1,2], conv([1,6,6],[1,6,6]))；
den＝conv([1,0], conv([1,1], conv ([1,1], conv([1,1],[1,3,2,5]))))；

【例 3.4】 求下列传递函数的零极点增益模型。

$$G(s) = \frac{s^3 + 11s^2 + 30s}{s^4 + 9s^3 + 45s^2 + 87s + 50}$$

num＝[1,11,30,0]；
den＝[1,9,45,87,50]；
[z, p, k]＝tf2zp(num, den)
z＝

　　0

　－6

　－5

p＝

　－3.0000＋4.0000j

　－3.0000－4.0000j

　－2.0000

　－1.0000

k＝1

结果表达式为

$$G(s) = \frac{s(s+6)(s+5)}{(s+1)(s+2)(s+3+4j)(s+3-4j)}$$

【例 3.5】 求下列传递函数的部分分式展开式。

$$G(s) = \frac{2s^3 + 9s + 1}{s^3 + s^2 + 4s + 4}$$

num＝[2,0,9,1];

den＝[1,1,4,4];

[z, p, k]＝residue(num,den)

z＝

  0.0000－0.2500j

  0.0000＋0.2500j

 －2.0000

p＝

  0.0000＋2.0000j

  0.0000－2.0000j

 －1.0000

k＝2

结果表达式为

$$G(s) = 2 + \frac{-0.25j}{s-2j} + \frac{0.25j}{s+2j} + \frac{-2}{s+1}$$

【例 3.6】 已知控制系统的传递函数，求其部分分式展开式。

(1) $G(s) = \dfrac{s^2 + 2s + 2}{s^3 + 6s^2 + 11s + 6}$

num＝[1,2,2];

den＝[1,6,11,6];

[z, p, k]＝residue(num,den);

[z, p]

ans＝

  2.5000 －3.0000

 －2.0000 －2.0000

  0.5000 －1.0000

则部分分式分解结果为

$$G(s) = \frac{2.5}{s+3} - \frac{2}{s+2} + \frac{0.5}{s+1}$$

(2) 已知传递函数

$$G(s) = \frac{4(s+2)(s^2+6s+6)^2}{s(s+1)(s^3+3s^2+2s+5)}$$

num＝4 * conv([1,2],conv([1,6,6],[1,6,6]));

den＝conv([1,0],conv([1,1],conv([1,1],conv([1,1],[1,3,2,5]))));

[z，p，k]＝residue(num，den)

z＝

    －0.1633

    －13.5023 ＋ 7.6417j

    －13.5023 － 7.6417j

    －30.4320

    －8.1600

    －0.8000

    57.6000

p＝

    －2.9042

    －0.0479 ＋ 1.3112j

    －0.0479 － 1.3112j

    －1.0000

    －1.0000

    －1.0000

    0

k＝0

则部分分式分解结果为

$$G(s) = \frac{-0.1633}{s + 2.9042} + \frac{-13.5023 + 7.6417j}{s + 0.0479 - 1.3112j} + \frac{-13.5023 - 7.6417j}{s + 0.0479 + 1.3112j}$$

$$+ \frac{-30.4320}{s + 1.0000} + \frac{-8.1600}{s + 1.0000} + \frac{-0.8000}{s + 1.0000} + \frac{57.6000}{s}$$

3. 频率响应数据模型

传递函数模型(FRD，Frequency-Response-Data)中的复变量 s 用复频率 $j\omega$ 代替，就得到频率响应数据模型：

$$G(j\omega) = |G(j\omega)| < G(j\omega) = \frac{K(j\omega + z_1)(j\omega + z_2)\cdots(j\omega + z_m)}{(j\omega + p_1)(j\omega + p_2)\cdots(j\omega + p_n)} \qquad (3-11)$$

式中，系统的频率响应数据是复数，可用 response＝$[g_1，g_2，\cdots，g_k]$输入；对应的频率 ω 用 freq＝$[\omega_1，\omega_2，\cdots，\omega_k]$输入，两者应有相同的列数。

得到的频率响应数据模型用 G＝frd(response，freq)表示。

3.1.5 典型环节及其传递函数

微分方程与传递函数是一一对应的，两者都表示了输入变量与输出变量之间的关系，前者为时域内表达，后者为复数域内表达，而传递函数形式更具有一般性。在控制系统的分析中，系统的传递函数可以分解为若干个典型环节的组合，以便于讨论系统的各种性能。通常，控制系统是由若干元部件有机组合而成的，从结构和作用原理来看，可以有各种各样的不同元部件，但是从动态性能和数学模型来看，可以分为几个基本的典型环节。不管元部件是机械式、电气式还是液压式等，只要其数学模型一样，它们就可以归纳为同一个环节,这样给分析、研究系统性能带来了很多方便。常用的典型环节主要有比例环节、惯性环节、一阶微分环节、积分环节、振荡环节等 6 种形式,下面分别进行讨论。

1. 比例环节

比例环节也称为放大环节,其特点是环节的输出量与输入量成正比。

比例环节的运动方程为

$$y(t) = Kr(t) \tag{3-12}$$

其传递函数为

$$G(s) = \frac{Y(s)}{R(s)} = K \tag{3-13}$$

式中,K 为放大系数。

例如,在物理系统中,无弹性变形的杠杆;不计非线性和惯性的电子放大器;测速发电机的电压与转速的关系等,都可以认为是放大环节。

2. 惯性环节

惯性环节的运动方程为

$$T \frac{\mathrm{d}y(t)}{\mathrm{d}t} + y(t) = Kr(t) \tag{3-14}$$

其传递函数为

$$G(s) = \frac{K}{Ts+1} \tag{3-15}$$

式中,K 为传递系数,T 为惯性时间常数。

惯性环节的输出量不能立即跟随输入量的变化,存在时间上的延迟,惯性越大,延迟时间越长,时间常数 T 也越大。例如 RC 电路,直流电机的激磁电路等都是惯性环节。

3. 一阶微分环节

一阶微分环节的运动方程为

$$y(t) = \tau \frac{\mathrm{d}r(t)}{\mathrm{d}t} + r(t) \tag{3-16}$$

其传递函数为

$$G(s) = \tau s + 1 \tag{3-17}$$

其中,τ 为微分时间常数。

在暂态过程中,一阶微分环节的输出量是输入量的微分。

4. 积分环节

积分环节的运动方程为

$$y(t) = K \int r(t) \mathrm{d}t \tag{3-18}$$

其传递函数为

$$G(s) = \frac{Y(s)}{R(s)} = \frac{K}{s} = \frac{1}{Ts} \tag{3-19}$$

式中,T 为积分时间常数,$T = \frac{1}{K}$。

从传递函数中可以看出,积分环节有一个极点在 s 平面的原点,一般用来改善系统的稳态性能。

$$RC \frac{\mathrm{d}U_\mathrm{c}(t)}{\mathrm{d}t} + U_\mathrm{c}(t) = U_\mathrm{r}(t) \tag{3-20}$$

其传递函数为

$$G(s) = \frac{U_\mathrm{c}(s)}{U_\mathrm{r}(s)} = \frac{1}{RCs+1} \approx \frac{1}{RCs} = \frac{1}{Ts} \tag{3-21}$$

式中，T 为积分时间常数：$T = RC$。

该电路相当于惯性环节，只有当 $T = RC \gg 1$ 时才可以得到近似的积分环节。

5. 振荡环节

振荡环节的微分方程为

$$T^2 \frac{\mathrm{d}^2 y(t)}{\mathrm{d}t^2} + 2\xi T \frac{\mathrm{d}y(t)}{\mathrm{d}t} + y(t) = kr(t) \tag{3-22}$$

式中，T 为时间常数，ξ 为阻尼系数，也称为阻尼比。

传递函数为

$$G(s) = \frac{Y(s)}{R(s)} = \frac{K}{T^2 s^2 + 2\xi Ts + 1} = \frac{\omega_\mathrm{n}^2}{s^2 + 2\xi \omega_\mathrm{n} s + \omega_\mathrm{n}^2} \tag{3-23}$$

式中，ω_n 为无阻尼自然振荡频率，$\omega_\mathrm{n} = \dfrac{1}{T}$。

从传递函数中可以看出，振荡环节具有一对共轭复数极点，是一个典型的二阶系统。

6. 延迟环节

延迟环节的特点是具有时间上的延迟效应，当输入量作用后，在给定一段时间 τ 之前，延迟环节的输出量一直未变化，只有到达延迟时间 τ 以后，环节的输出量才能无偏差地复现原信号。

其微分方程为

$$y(t) = r(t - \tau) \qquad t \geqslant \tau \tag{3-24}$$

延迟环节的传递函数为

$$G(s) = \frac{Y(s)}{R(s)} = \mathrm{e}^{-\tau s} \tag{3-25}$$

若系统中含有延迟环节，对系统的稳定性是不利的。在实际应用中，可控硅整流器可以视为一个延迟环节，整流电压与控制角之间存在失控时间。

通过上述分析，我们要明确以下几点：

（1）系统的典型环节是按照数学模型的共性来建立的，它与系统中使用的元部件不是一一对应的，一个系统可能是一个典型环节，也可能是由几个典型环节组合而成的。

（2）按照数学模型对元部件和系统进行分类可产生出若干典型环节，有助于系统动态特性的研究和分析。

（3）典型环节的概念只适用于能够用线性定常系统来描述的场合。

3.1.6　自动控制系统的传递函数

如图 3 - 2 所示的闭环控制系统，采用叠加原理可分别求出在输入信号和扰动信号作用下的系统各类传递函数。

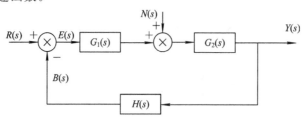

图 3-2　闭环控制系统典型结构图

在图 3-2 中,各类信号和装置分别定义为:输入信号 $R(s)$,输出信号 $Y(s)$,主反馈信号 $B(s)$,偏差信号 $E(s)$,干扰信号 $N(s)$,控制器 $G_1(s)$,被控对象 $G_2(s)$,反馈环节 $H(s)$。

1. 系统开环传递函数

闭环系统在开环状态下的传递函数称为系统的开环传递函数,是指当系统主反馈通路断开以后,反馈信号 $B(s)$ 与输入信号及 $R(s)$ 之间的传递函数,该函数可表示为

$$G(s) = \frac{Y(s)}{R(s)} = G_1(s)G_2(s)H(s) \qquad (3-26)$$

从上式可以看出,系统开环传递函数等于前向通道的传递函数与反馈通道的传递函数之积。

2. 输入信号作用下的系统闭环传递函数

令干扰信号 $N(s)=0$,系统输出信号 $C(s)$ 与输入信号 $R(s)$ 之间的传递函数即为输入信号作用下的系统闭环传递函数,表示为

$$\phi(s) = \frac{Y(s)}{R(s)} = \frac{G_1(s)G_2(s)H(s)}{1+G_1(s)G_2(s)H(s)} \qquad (3-27)$$

3. 干扰信号作用下的系统闭环传递函数

令输入信号 $R(s)=0$,系统输出信号 $C(s)$ 与干扰信号 $R(s)$ 之间的传递函数即为干扰信号作用下的系统闭环传递函数,表示为

$$\phi_n(s) = \frac{Y(s)}{N(s)} = \frac{G_2(s)}{1+G_1(s)G_2(s)H(s)} \qquad (3-28)$$

4. 闭环系统的误差传递函数

(1) 输入信号作用下的误差传递函数。令干扰信号 $N(s)=0$,以量 $E(s)$ 为输出信号,与输入信号 $R(s)$ 之间的传递函数即为输入信号作用下的系统误差传递函数,表示为

$$\phi_e(s) = \frac{E(s)}{R(s)} = \frac{1}{1+G_1(s)G_2(s)H(s)} \qquad (3-29)$$

(2) 干扰信号作用下的误差传递函数。令输入信号 $R(s)=0$,以 $E(s)$ 为输出信号,与干扰信号 $N(s)$ 之间的传递函数即为干扰信号作用下的系统误差传递函数,表示为

$$\phi_{en}(s) = \frac{E(s)}{N(s)} = -\frac{G_2(s)H(s)}{1+G_1(s)G_2(s)H(s)} \qquad (3-30)$$

5. 系统的总输出

在输入信号和干扰信号的共同作用下,系统的总输出可以采用叠加原理求得。由式(3-29)和式(3-30)组合可得系统的总输出为

$$Y(s) = \frac{G_2(s)H(s)}{1+G_1(s)G_2(s)H(s)}R(s) + \frac{G_2(s)}{1+G_1(s)G_2(s)H(s)}N(s) \qquad (3-31)$$

3.1.7　系统的模型转换

在实际工程中，由于要解决自动控制问题所需要的数学模型，而该数学模型与该问题所给定的已知数学模型往往是不一致的，此时，就需要对控制系统的数学模型进行转换，即将给定模型转换为仿真程序能够处理的模型形式。通常，系统的微分方程作为描述动态性能的基本形式，当作为共性的内容进行分析时，又常常将其转换为传递函数形式，而在计算机中，利用系统的状态空间描述最方便。所以，讨论系统数学模型之间的转换具有实际的指导意义。

各种数学模型适用于各类不同的应用场合，因而当研究的范围发生变化时，就需要对原有的数学模型进行转换，以适应工程实际的需要。实际应用的往往都是一些很复杂的对象，分析这类对象时就需要把实际工程分解为一些便于研究的数学模型的组合，然后再将它们连接起来研究其各种性能。

描述控制系统的数学模型主要有传递函数模型、零极点模型、部分分式模型和状态空间模型等，而这些模型之间又有着某种内在的等效关系。在一些场合下需要用到其中的一种模型，而在另一场合下可能又需要另外的模型，例如想获得系统的根轨迹图形时往往需要已知系统的传递函数模型，而在二次型指标的最优设计中往往又需要知道系统的状态方程模型，所以讨论由一种模型到另外一种模型的转换方法是很有必要的。MATLAB 提供了一个对不同控制系统的模型描述进行转换的函数集，如表 3.1 所示，其中一些在前面已经介绍过。

表 3.1　模型转换函数及说明

函　数	说　明
residue	由传递函数形式转换为部分分式形式
ss2tf	由状态空间形式转换为传递函数形式
ss2zp	由状态空间形式转换为零极点形式
tf2ss	由传递函数形式转换为状态空间形式
tf2zp	由传递函数形式转换为零极点形式
zp2ss	由零极点形式转换为状态空间形式
zp2tf	由零极点形式转换为传递函数形式
c2d	将状态空间模型由连续形式转换为离散形式
c2dm	连续形式到离散形式的转换(可选用不同的方法)
c2dt	连续形式到离散形式的对输入纯时间延迟转换
d2c	将状态空间模型由离散到连续的转换
d2cm	离散形式到连续形式的方法转换(可选用不同的方法)

LTI 系统的模型有 tf、zpk、ss 和 FRD 四类，每类模型又分为连续和离散模型。模型的转换如图 3-3 所示。

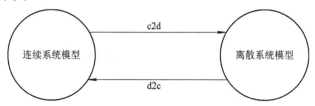

图 3-3　连续与离散系统的转换

如图所示，tf、zpk 和 ss 模型可相互转换，它们也可以转换成 FRD 模型。FRD 模型不能直接转换成 tf、zpk 和 ss 模型，但是，FRD 模型可由其他 3 种类型的模型转换得到。连续模型和离散模型之间也可以相互转换。与上述模型转换相似，连续和离散模型之间的转换如图 3-3 所示。

在 MATLAB 中，进行模型转换的函数有两类，其一就是出现在早期版本中的 tf2ss、ss2tf 等转换函数，如图 3-4 所示，这些函数在新版本中还可以继续使用；其二是在新版本中出现的统一转换函数，它与模型建立函数有相同的函数名。下面对这些转换函数分别介绍。

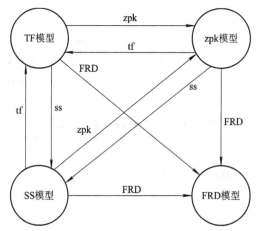

图 3-4　模型转换

1. 转换成 tf 模型的转换函数 tf()

tf 函数能用于建立 tf 模型，也能用于将 ss 模型和 zpk 模型转换成 tf 模型。建立 tf 模型的函数格式已在前面说明，当用于模型转换时，函数格式是：

m＝tf(sys)

式中，sys 是 ss 模型或 zpk 模型，m 是转换后对应的 tf 模型。

【例 3.7】　将状态空间模型转换为传递函数模型。

A＝[0 1 −1;−6 −11 6;−6 −11 5];

B＝[0 0 1];

C＝[1 0 0];

D＝0;

[num,den]＝ss2tf(A,B,C,D)

num＝

0.0000 －1.0000 －5.0000

den＝

　　1.0000 6.0000 11.0000 6.0000

从计算结果可以看出，该系统的传递函数模型为

$$G(s) = \frac{-s-5}{s^3 + 6s^2 + 11s + 6}$$

2. 转换成 zpk 模型的转换函数 zpk( )

zpk 函数能用于建立 zpk 模型，也能用于将 tf 模型和 ss 模型转换成 zpk 模型。转换的
函数格式为

m＝zpk(sys)

式中，sys 是 tf 或 ss 模型，m 是对应的 zpk 模型。

【例 3.8】　已知二输入二输出系统的状态空间模型如下：

$$\boldsymbol{A} = \begin{bmatrix} 0 & 1 & -1 \\ -6 & -11 & 6 \\ -6 & -11 & 5 \end{bmatrix}, \boldsymbol{B} = \begin{bmatrix} 0 & 0 \\ 0 & 1 \\ 1 & 0 \end{bmatrix}, \boldsymbol{C} = \begin{bmatrix} 1 & 0 & 0 \\ 0 & 1 & 0 \end{bmatrix}, \boldsymbol{D} = \begin{bmatrix} 2 & 0 \\ 0 & 2 \end{bmatrix}$$

求其零极点模型。

程序为

A＝[0 1 0；－6 －11 6；－6 －11 5]；

B＝[0 0；0 1；1 0]；

C＝[1 0 0；0 1 0]

D＝[2 0；0 2]；

[z，p，k]＝ss2zp(A，B，C，D，1)

从上面的结果即可得出四个传递函数，限于篇幅，这里只列出其中的一个传递函数，
其余的请读者自行列出。

$$G_{21}(s) = \frac{y_2(s)}{u_1(s)} = \frac{6(s+1)}{(s+1)(s+2)(s+3)} = \frac{6}{(s+2)(s+3)}$$

从计算结果可以看出，该传递函数的一个极点和一个零点对消，从而使传递函数
$G_{21}(s)$ 降为二阶。

3. 转换成 ss 模型的转换函数 ss( )

ss 函数能用于建立 ss 模型，也能用于将 tf 模型和 zpk 模型转换成 ss 模型。转换的函
数格式为

m＝ss(sys)

式中，sys 是 tf 或 zpk 模型，m 是对应的 ss 模型。

由传递函数模型求状态空间模型时，应注意到这种转换不是唯一的，传递函数只描述
系统输入与输出关系，被称为系统的外部描述形式，而状态空间表达式描述系统输入、输
出和状态之间的关系，被称为系统的内部描述形式。由传递函数求状态空间表达式时，若
状态变量选择不同，状态空间形式也不同。由传递函数模型求取系统状态空间模型的过程
又称为系统状态空间实现，但系统实现不是唯一的。

由于使用的状态变量不同，转换后的 ss 模型也就不同，因此，用 ss 函数转换的 ss 模型是其中的一种实现。

最小实现的转换格式是：

m＝ss(sys，'min')

【例 3.9】 将传递函数模型转换为状态空间模型。

num＝[0 0 1 0];

den＝[1 14 56 160];

[A,B,C,D]＝tf2ss(num,den)

运行后结果如下：

A＝

$$\begin{matrix} -14 & -56 & -160 \\ 1 & 0 & 0 \\ 0 & 1 & 0 \end{matrix}$$

B＝

$$\begin{matrix} 1 \\ 0 \\ 0 \end{matrix}$$

C＝

0 1 0

D＝

0

4. 转换成 frd 模型的转换函数 frd()

frd 函数能用于建立 frd 模型，也能用于将 tf 模型、zpk 模型转换成 frd 模型。转换的函数格式为

m＝frd(sys, freq, units, units)

式中，sys 可以是 tf 模型、zpk 模型或 ss 模型，freq 是 frd 模型所需的频率，units 是频率的单位，可以是"rad/s"或"Hz"，频率单位缺省的约定值是"rad/s"。需要注意的是：frd 模型可由其他 3 类模型转换得到，但不能将 frd 模型转换成其他类型的模型。

5. 状态空间描述到传递函数形式的转换 ss2tf()

转换的函数格式为

[num den]＝ss2tf(A, B, C, D, iu)

其中 A，D，C，D 为系统矩阵，iu 指定第几个输入，返回结果 den 为传递函数的分母多项式的系数，按 s 的降幂排列，传递函数分子系数则包含在矩阵 num 中，num 的行数与输出 y 的维数已知，每列对应一个输出。

注：在系统本身就只有一个输入的情况下，在引用函数 ss2tf() 时，可以缺省而不写参数 iu。对多输入的系统，必须具体指定 iu。例如，如果系统有 3 个输入(u_1, u_2, u_3)，则 iu 必须为 1、2 或 3 中的一个，其中 1 表示 u_1，2 表示 u_2，3 表示 u_3。这种用法在 ss2zp() 中也适用。

6. 状态空间形式转换为零极点增益形式 ss2zp()

转换的函数格式为

[z, p, k]＝ss2zp(A，B，C，D，iu)

其中，A，B，C，D 为系统矩阵，iu 指定第几个输入，列向量 p 包含传递函数的极点，而零点则存储在矩阵 z 的列中，z 的列数等于输出向量 y 的维数，每列对应一个输出的零点，对应增益则在列向量 k 中。

7. 传递函数形式转换为状态空间形式 tf2ss()

转换的函数格式为

[A，B，C，D]＝tf2ss(num，den)

其中，向量 den 为 H(s) 的分母多项式的系数，按 s 的降幂排列。num 对应为一个矩阵，每行对应一个输出的分子系数，其行数等于输出的个数。返回结果 A，B，C，D 以可控标准型的形式给出。

应着重强调，任何系统的状态空间表达式都不是唯一的。对于同一系统，可有许多个（无穷多个）状态空间表达式。上述 MATLAB 命令仅给出了一种可能的状态空间表达式。

【例 3.10】 考虑由下式定义的系统：

$$\begin{bmatrix} \dot{x}_1 \\ \dot{x}_2 \end{bmatrix} = \begin{bmatrix} 0 & 1 \\ -25 & -4 \end{bmatrix} \begin{bmatrix} x_1 \\ x_2 \end{bmatrix} + \begin{bmatrix} 1 & 1 \\ 0 & 1 \end{bmatrix} \begin{bmatrix} u_1 \\ u_2 \end{bmatrix}$$

$$\begin{bmatrix} y_1 \\ y_2 \end{bmatrix} = \begin{bmatrix} 1 & 0 \\ 0 & 1 \end{bmatrix} \begin{bmatrix} x_1 \\ x_2 \end{bmatrix} + \begin{bmatrix} 0 & 0 \\ 0 & 0 \end{bmatrix} \begin{bmatrix} u_1 \\ u_2 \end{bmatrix}$$

该系统有两个输入和两个输出，包括 4 个传递函数：$Y_1(s)/U_1(s)$、$Y_2(s)/U_1(s)$、$Y_1(s)/U_2(s)$ 和 $Y_2(s)/U_2(s)$（当考虑输入 u_1 时，可设 u_2 为零。反之亦然），MATLAB 程序为

```
A=[0 1; -25 -4];
B=[1 1; 0 1];
C=[1 0; 0 1];
D=[0 0; 0 0];
[num,den]=ss2tf(A,B,C,D,1)
num=
     0     1     4
     0     0   -25
den=
     1     4    25
[num,den]=ss2tf(A,B,C,D,2)
num =
     0   1.0000   5.0000
     0   1.0000  -25.000
den=
     1     4    25
```

4 个传递函数的表达式为

$$\frac{Y_1(s)}{U_1(s)} = \frac{s+4}{s^2+4s+25}; \quad \frac{Y_2(s)}{U_1(s)} = \frac{-25}{s^2+4s+25}$$

$$\frac{Y_1(s)}{U_2(s)} = \frac{s+5}{s^2+4s+25}; \quad \frac{Y_2(s)}{U_2(s)} = \frac{s-25}{s^2+4s+25}。$$

在系统分析中，有时不仅需要知道建立的系统模型的参数值，而且要实现运算、赋值等操作，因此要获取模型参数的数值。为此，MATLAB 提供了专用函数 tfdata, zpkdata 和 ssdata。

对于连续时间系统，调用格式为

[num, den]=tfdata(sys,'v');

[z, p, k]=zpkdata(sys,'v');

[A, B, C, D]=ssdata(sys);

对于离散时间系统，调用格式为：

[num, den]=tfdata(sys, 'v');

[z, p, k, Ts]=zpkdata(sys,'v');

[A, B, C, D, Ts]=ssdata(sys);

函数左边输出项为各项模型的相应数据，'v'表示返回的数据行向量，只适用于单输入单输出系统。

3.1.8 复杂模型的处理方法

1. 系统的降阶实现

在控制系统的研究中，模型的降阶技术是简化系统分析的重要手段，其降阶实质就是由相对低阶的模型尽可能近似成一个高阶原系统，从而使高阶模型可以按照低阶的仿真与设计方法加以进行。在 MATLAB 中，为用户提供了实现系统降阶处理的专用函数有 modred。其基本格式为

RSYS = modred(sys, ELIM)

RSYS = modred(sys, ELIM, 'mdc')

RSYS = modred(sys, ELIM, 'del')

其中，ELIM 为待消去的状态；'mdc'表示在降阶中保证增益的匹配；'del'所示在降阶中不能保证增益的匹配。

【例 3.11】 已知系统的传递函数为：

$$G(s) = \frac{180}{s^4 + 20s^3 + 136s^2 + 380s + 343}$$

应用 modred 函数进行降阶处理，保留前两个状态，降为二阶系统。

解 先构造 modred 所需要的函数，再进行降阶处理。

num=180;

den=[1 20 136 380 343];

[a, b, c, d]= tf2ss(num,den);

sys=ss(a, b, c, d);

sysm＝modred(sys，3:4,'del')

执行上述语句得到系统降阶后的结果为

a＝

		x1	x2
	x1	−20.00000	−136.00000
	x2	1.00000	0

b＝

		u1
	x1	1.00000
	x2	0

c＝

		x1	x2
	y1	0	0

d＝

		u1
	y1	0

　　显然在直接利用 modred 函数进行系统降阶处理时具有一定的盲目性，为此往往将 balreal 函数与 modred 函数相结合加以使用。由 balreal 函数先进行均衡变换，依据 Gram 阵确定对系统影响较小的状态，再应用 modred 函数求出降阶后的系统。

　　在 MATLAB 中还给出最小实现函数 minreal，它的基本格式为

[Am，Bm，Cm，Dm]＝minreal(A，B，C，D)

[numm，denm]＝minreal(num,den)

该函数表达式消去了不必要的状态，从而得到系统的最小实现。有关它的具体应用可参见相关帮助文件，在此不再详述。

2. 随机 n 阶系统的模型建立

MATLAB 为用户提供了建立随机 n 阶系统模型的函数，其基本格式为：

[num，den]＝rmodel(n)

[num，den]＝rmodel(n，p)

[num，den]＝drmodel(n)

[num，den]＝drmodel(n，p)

[A,B，C，D]＝rmodel(n)

[A，B，C，D]＝rmodel(n，p，m)

[A，B，C，D]＝drmodel(n)

[A，B，C，D]＝drmodel(n，p，m)

其中，[num，den]＝rmodel(n)可以随机生成 n 阶稳定传递函数模型。

　　[num，den]＝rmodel(n，p)可以随机生成单输入 p 输出的 n 阶稳定传递函数模型。

　　[A,B,C,D]＝rmodel(n)可以随机生成 n 阶稳定单输入单输出状态方程模型。

　　[A,B,C,D]＝rmodel(n,p,m)可以随机生成 n 阶稳定 p 输出 m 输入状态空间模型。

drmodel(n)函数将生成相应的离散模型。

3.2　系统模型的连接

在一般情况下，控制系统常常是由许多环节或子系统按一定方式连接起来组合而成的，它们之间连接方式有串联、并联、反馈、附加等。要对各种连接模式下的系统进行分析，就需要对系统的模型进行适当的处理。MATLAB控制系统工具箱中提供有大量的对控制系统的简单模型进行连接的函数，如表3.2所示。

表 3.2　模型连接函数

函 数 名	功　　能
series()	系统的串联连接
parallel()	系统的并联连接
feedback()	系统地反馈连接
cloop()	单位反馈连接
augstate()	将状态增广到状态空间系统的输出中
append()	两个状态空间系统的组合
connect()	对分块对角的状态空间形式按指定方式进行连接
blkbuild()	把用方块图表示的系统转换为分块对角的状态空间形式
ssselect()	从状态空间系统中选择一个子系统
ssdelete()	从状态空间系统中删除输入或输出状态

3.2.1　模型串联

函数 series 用于两个线性模型串联，调用格式为

sys＝series(sys1，sys2)

其中，sys1，sys2 和 sys 如图 3-5 所示。

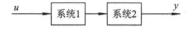

图 3-5　单输入单输出模型

1. 两个单输入单输出系统的级（串）联

利用 series() 函数将两个状态空间形式表示的系统进行级（串）联；其用法为

[A，B，C，D]＝series(A1，B1，C1，D1，A2，B2，C2，D2)

即将第一个子系统的输出连接到第二个子系统的输入。

【例 3.12】　两个系统如下所示：

$$\begin{bmatrix} \dot{x}_{11} \\ \dot{x}_{12} \end{bmatrix} = \begin{bmatrix} 0 & 3 \\ -3 & -1 \end{bmatrix} \begin{bmatrix} x_{11} \\ x_{12} \end{bmatrix} + \begin{bmatrix} 0 \\ 1 \end{bmatrix} u_1$$

$$\boldsymbol{y}_1 = \begin{bmatrix} 1 & 3 \end{bmatrix} \begin{bmatrix} x_{11} \\ x_{12} \end{bmatrix} + 2u_1$$

$$\begin{bmatrix} \dot{x}_{21} \\ \dot{x}_{22} \end{bmatrix} = \begin{bmatrix} 2 & 3 \\ -1 & 4 \end{bmatrix} \begin{bmatrix} x_{21} \\ x_{22} \end{bmatrix} + \begin{bmatrix} 1 \\ 0 \end{bmatrix} u_1$$

$$\boldsymbol{y}_2 = \begin{bmatrix} 2 & 4 \end{bmatrix} \begin{bmatrix} x_{21} \\ x_{22} \end{bmatrix} + 2u_2$$

将这两个系统级联，求其状态方程。

a1＝[0 3；－3 －1]；
b1＝[0 1]′；
c1＝[1 3]；
d1＝2；
a2＝[2 3；－1 4]；
b2＝[1 0]′；
c2＝[2 4]；
d2＝1；
[a,b,c,d]＝ series(a1,b1,c1,d1,a2,b2,c2,d2)

得到整体状态方程模型为

```
a=   2    3    1    3
    -1    4    0    0
     0    0    0    3
     0    0   -3   -1
b=2
   0
   0
   1
c=2    4    1    3
d=2
```

该函数的执行结果等价于模型算术运算式：

sys3＝sys1×sys2

2. 两个多输入多输出系统的级（串）联

对于多输入多输出系统，函数 series 的调用格式为

sys＝series(sys1, sys2, out1, in2)

该函数在执行系统 sys1 和系统 sys2 串联时，将系统 sys1 的输出端 1 和系统 sys2 的输入端 2 连接，如图 3－6 所示。系统端口名称可用函数 SET 设置。

图 3－6 是一般情况下模型串联连接的结构图。图中，模型 G_1 的部分输出 y_1 与模型 G_2 的部分输入 u_2 组成串联连接。G_1 和 G_2 是线性时不变系统模型。

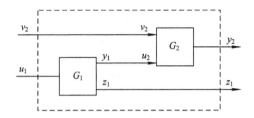

图 3-6　多输入多输出模型串联

串联连接后的系统有两个输入 u_1 和 u_2，两个输出 z_1 和 y_2。而连接关系应满足 G_1 输出 y_1 和 G_2 输入 u_2 有相同的个数。

串联连接时采用：$G = G_2 = (:, u_2) * G_1(y_1, :)$

状态空间模型 $G_1 = [A_1, B_1, C_1, D_1]$ 和 $G_2 = [A_2, B_2, C_2, D_2]$ 串联连接时，得到 G：

$$A = \begin{bmatrix} A_1 & 0 \\ B_2 C_1 & A_2 \end{bmatrix}; \quad B = \begin{bmatrix} B_1 \\ B_2 D_1 \end{bmatrix}; \quad C = \begin{bmatrix} D_2 C_1 & C_2 \end{bmatrix}; \quad D = D_2 D_1$$

在串联连接时，应注意下列事项：

(1) 单输入单输出系统的串联连接次序不同时，所得到状态空间模型系数不同，但这两个系统的输出响应是相同的。

(2) 串联连接后，合成的模型是线性时不变系统的某类模型。

(3) 多输入多输出系统的串联连接时，可采用部分信号串联连接，采用函数是 series；可以用 Simulink 建立模型，然后用模型分析操作命令得到合成的系统模型。

(4) 串联连接的结果也可以用其他方法得到。例如采用多项式卷积，用 conv、conv2 等函数来得到两个多项式相乘后的多项式系数。此外，也可以用符号函数进行计算。

已知：$G_1(s) = \dfrac{s^2}{s^3 + 2s^2 + 3s + 4}$，$G_2(s) = \dfrac{1.2}{(s+1)(s+3)}$，求其串联连接所组成的系统。

```
G1=tf([1 2],[1,2,3,4]);
G2=zpk([ ],[-1, -3],1.2);
den=conv（conv（[1 2 3 4],[1 1]),[1 3]);
num=1.2[1 2];
G=tf(num, den)
symss
num1=sym2poly（collect（1.2 (s+2)));
den1=sym2poly（collect（(s³+2s²+3s+4)(s+1)(s+3)));
GS=tf(num1, den1)
GG=tf(G1 * G2)
```

3.2.2　模型并联

函数 parallel 用于两个模型并联，调用格式为：

sys=parallel(sys1, sys2)

其中，sys1，sys2 和 sys 如图 3-7 所示。

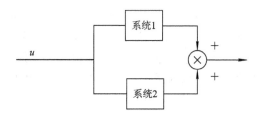

图 3-7　单输入单输出模型并联

该函数执行结果等价于模型算术运算式：

sys＝sys1＋sys2

对于多输入多输出系统，函数 parallel 的调用格式为

sys＝parallel(sys1, sys2, in1, in2, out1, out2)

函数执行 sys1 和 sys2 并联时，将 sys1 的输入端 in1 和 sys2 的输入端 in2 连接，sys1 的输出端 out1 和 sys2 的输出端 out2 连接，如图 3-8 所示。

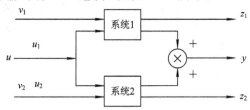

图 3-8　多输入多输出模型并联

parallel() 函数按并联连接两个状态空间系统，它既适合于连续时间系统，也适合于离散时间系统。parallel() 的用法如下：

[A, B, C, D]＝parallel(A1, B1, C1, D1, A2, B2, C2, D2)；

[A, B, C, D]＝parallel(A1, B1, C1, D1, A2, B2, C2, D2, in1, in2, out1, out2)

[num, den]＝parallel(num1, den1, num2, den2)

[A, B, C, D]＝parallel(A1, B1, C1, D1, A2, B2, C2, D2)，可得到由系统 1 和系统 2 并联连接的状态空间表示的系统，其输出为 $y＝y_1＋y_2$，其输入连接在一起作为系统输入。

[num, den]＝parallel(num1, den1, num2, den2)，可得到并联连接的传递函数表示系统，其结果为

$$\frac{num(s)}{den(s)}＝g_1(s)＋g_2(s)＝\frac{num1(s)den2(s)＋num2(s)den1(s)}{den1(s)den2(s)}$$

[A, B, C, D]＝parallel(A1, B1, C1, D1, A2, B2, C2, D2, in1, in2, out1, out2)，可将系统 1 与系统 2 按图 3-8 所示的方式连接，在 in1 和 in2 中分别指定两系统要连接在一起的输入端编号，从 $u_1, u_2, \cdots, u_n$ 依次编号为 1, 2, $\cdots$, n；out1 和 out2 中分别指定要作相加的输出端编号，编号方式与输入类似。

注意：当以 [A, B, C, D]＝parallel(A1, B1, C1, D1, A2, B2, C2, D2, in1, in2, out1, out2) 形式使用 parallel() 函数时，in1 和 in2 既可以是数字也可以是向量。当 in1 与 in2 函数时，表示该系统的两个子系统各有一个输入端相互连接。例如 in1＝1，in2＝3 表示系统 1 的第一个输入端与系统 2 的第三个输入端相连接，其他输入端则按照常规的并联方式处理即可。当 in1 和 in2 为向量时，则表示该系统的两个子系统均由若干个输入端口参

与连接，连接方法为按照两个向量列出的元素顺序一一对应。例如 in1＝[1 3 4]，in2＝[2 1 3]则表示第一个子系统的第一个输入量与第二个子系统的第二个输入量连接，以及第一个子系统的第三个输入量与第二个子系统的第一个输入量连接，且第一个子系统的第四个输入量与第二个子系统的第三个输入量连接。out1 与 out2 用法与之相同。

并联连接时应注意下列事项：

(1) 并联连接后，合成的模型是线性时不变系统的某类模型；

(2) 多输入多输出系统并联连接时，采用部分信号并联连接，采用的函数是 parallel；

(3) 可以用 Simulink 建立模型，然后用模型分析操作命令得到合成的系统模型；

(4) 并联连接的结果也可以用其他方法得到，例如可以用符号函数进行计算。

3.2.3 反馈连接

feedback()函数用于两个系统的反馈连接，其用法为

[A，B，C，D]＝feedback(A1，B1，C1，D1，A2，B2，C2，D2)

[A，B，C，D]＝feedback(A1，B1，C1，D1，A2，B2，C2，D2，sign)

[A，B，C，D]＝feedback(A1，B1，C1，D1，A2，B2，C2，D2，in，out)

[num，den]＝feedback(num1，den1，num2，den2)

[num，den]＝feedback(num1，den1，num2，den2，sign)

feedback()函数可将两个系统按反馈形式进行连接，如图 3-9 所示。一般而言，系统 1 为对象，系统 2 为反馈控制器。feedback()函数既适用于连续系统也适用于离散系统。

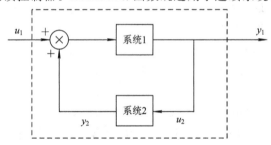

图 3-9　两个系统的反馈连接

例如：[A，B，C，D]＝feedback(A1，B1，C1，D1，A2，B2，C2，D2)，可将两个系统按反馈方式连接起来，sys1 的所有输出连接到 sys2 的输入，sys2 的所有输出连接到 sys1 的输入，sign 用于指示 y_2 到 u_1 连接的符号，sign 缺省时，默认为负，即 sign＝-1。总系统的输入与输出数等同 sys1。

连接生成的系统为

$$\begin{bmatrix} \dot{x}_1 \\ \dot{x}_2 \end{bmatrix} = \begin{bmatrix} A_1 + B_1 e D_2 C_1 & \pm B_1 e C_2 \\ B_2 C_1 \pm B_2 D_1 e D_2 C_1 & A_2 \pm B_2 D_1 e C_2 \end{bmatrix} \begin{bmatrix} B(I \pm e D_2 D_1) \\ B_2 D_1 (I \pm e D_2 D_1) \end{bmatrix} u_1$$

$$\boldsymbol{y}_1 = \begin{bmatrix} C \pm D_1 e D_2 C_1 \pm D_1 e C_2 \end{bmatrix} \begin{bmatrix} x_1 \\ x_2 \end{bmatrix} + \begin{bmatrix} D_1 (I \pm e D_2 D_1) \end{bmatrix} u_1$$

其中，$e = [D_1(I \pm e D_2 D_1)]^{-1}$。图 3-9 中上面的符号对应于负反馈系统，下面的符号对应于正反馈系统。[num，den]＝feedback(num1，den1，num2，den2，sign)可得到类似的连接，只是子系统和闭环系统均以传递函数形式表示。

为将两个均出现在前向通道中的系统传递函数按反馈方式连接起来，应采用 series() 和 cloop() 函数。[A，B，C，D]＝feedback(A1，B1，C1，D1，A2，B2，C2，D2，in，out)将 sys1 的指定输出(out)连接到 sys2 的输入，sys2 的输出连接到 sys1 的指定输入(in)，以此构成闭环系统，如图 3－10 所示。in 和 out 的编号方法与函数 parallel() 中的一样。

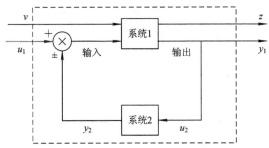

图 3－10　部分反馈连接

最常用的反馈连接是将系统 G_1 的全部输出信号反馈作为另一个系统 G_2 的输入，根据 G_2 输出与 G_1 输入信号之间是相加还是相减，系统分为正反馈或负反馈。一般情况下反馈连接的结构图如图 3－10 所示。图中，G_1 称为前向通道的传递函数，G_2 称为反馈通道的传递函数。一般情况下，G_1 输入信号中，只有部分输入 u_1 是通过反馈得到的，同样，G_2 输出信号中，也只有 $y_1 = y$ 的这部分输出被作为 G_2 的输入。可采用 MATLAB 的 feedback 函数来计算反馈系统的模型。

用传递函数表示系统 G_1 和 G_2 组成反馈连接。正反馈连接时，合成的系统 $G(s)$ 为

$$G(s) = \frac{G_1(s)}{1 - G_1(s)G_2(s)} \tag{3-32}$$

负反馈连接时，合成的系统 $G(s)$ 为

$$G(s) = \frac{G_1(s)}{1 + G_1(s)G_2(s)} \tag{3-33}$$

用状态方程表示系统 $G_1 = [A_1，B_1，C_1，D_1]$ 和 $G_2 = [A_2，B_2，C_2，D_2]$，组成负反馈连接时，得到负反馈 G：

$$\left.\begin{aligned} \boldsymbol{A} &= \begin{bmatrix} A_1 - B_1 Z D_2 C_1 & -B_1 Z C_2 \\ B_2(I - D_1 Z D_2)C_1 & A_2 - B_2 D_1 Z C_2 \end{bmatrix} \\ \boldsymbol{B} &= \begin{bmatrix} B_1 Z \\ B_2 D_1 Z \end{bmatrix} \\ \boldsymbol{C} &= \begin{bmatrix} (I - D_1 Z D_2)C_1 - D_1 Z C_2 \end{bmatrix} \\ \boldsymbol{D} &= D_1 Z \\ \boldsymbol{Z} &= (I + D_1 D_2)^{-1} \end{aligned}\right\} \tag{3-34}$$

组成正反馈时，只需要在上式中，将 $Z = (I - D_1 D_2)$ 代入即可。

MATLAB 的早期版本中，采用 cloop 函数组成闭环回路，新版本采用 feedback 函数。

feedback 函数的格式 1：

G＝feedback(G1，G2，sign)

式中，G1 是前向通道线性时不变系统模型，G2 是反馈通道线性时不变系统模型，sign 是

符号，约定值是 -1，表示负反馈。因此，如果采用负反馈连接，符号 -1 可不输入；如果是正反馈，则需输入 1。G 是合成系统的线性时不变系统模型。

feedback 函数的格式 2：

G＝feedback(G1, G2, u_1, y_1, sygn)

式中，u_1 和 y_1 分别是前向通道中由反馈提供的输入和输出通道号，如图 3－10 所示。

cloop()表示状态空间系统的闭环形式，用法如下：

[Ac, Bc, Cc, Dc]＝cloop(A, B, C, D, sign)

[Ac, Bc, Cc, Dc]＝cloop(A, B, C, D, out, in)

[numc, denc]＝cloop(num, den, sign)

cloop()函数可以通过将系统输出反馈到系统输入构成闭环系统。开环系统的输入和输出仍然是闭环系统的输入和输出。该函数既适用于连续系统，也适用于离散系统。[Ac, Bc, Cc, Dc]＝cloop(A, B, C, D, sign)，通过将所有的输出反馈到输入，从而产生闭环系统的状态空间模型，如图 3－11 所示。

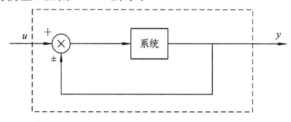

图 3－11　系统的闭环结构

当 sign＝1 时采用正反馈；当 sign＝-1 时采用负反馈；当 sign 缺省时，默认为负反馈。[numc, denc]＝ cloop(num, den, sign)，表示由开环系统构成闭环系统，sign 意义与前述相同。

[Ac, Bc, Cc, Dc]＝cloop(A, B, C, D, outputs, inputs)，表示将指定的输出 out 反馈到指定的输入 in，以此构成闭环系统的状态空间模型，如图 3－11 所示。其中，out 指定反馈系统的输出序号，in 指定输入序号，一般为正反馈，形成负反馈时应在 in 中采用负值。

【例 3.13】　某系统如图 3－12 所示，试写出闭环传递函数的多项式模型。

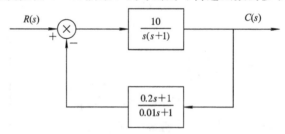

图 3－12　反馈系统结构图

MATLAB 程序如下：

num1＝[10]；den1 ＝ [1 1 0]；

num2＝[0.2 1]；den2 ＝ [0.01 1]；

[num, den]＝feedback(num1, den1, num2, den2, -1)

printsys(num,den)

num/den＝

$$\frac{0.1s + 10}{0.01s^3 + 1.01s^2 + 3s + 10}$$

程序说明：函数［ ］＝ feedback()用于计算一般反馈系统的闭环传递函数。

前向传递函数为 $G(s) = \dfrac{num1}{den1}$

反馈传递函数为 $H(s) = \dfrac{num2}{den2}$

右变量为 $G(s)$ 与 $H(s)$ 的参数，左变量为返回系统的闭环参数，反馈极性 1 为正反馈，—1 为负反馈，缺省时作负反馈计算。

3.2.4 系统扩展

系统扩展就是把两个或多个子系统组合成一个系统组。MATLAB 提供系统扩展的函数 append，调用格式为

sys＝append(sys1，sys2，…)

其中，sys1，sys2，…，如图 3-13 所示。

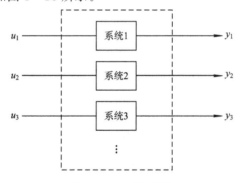

图 3-13 系统扩展

若 sys1，sys2，…是用传递函数形式描述，则

$$sys = \begin{bmatrix} sys1 & & 0 & \\ & sys2 & & \\ 0 & & sys3 & \\ & & & \ddots \end{bmatrix}$$

若 sys1 和 sys2 用状态空间形式描述，则 sys 为

$$\begin{bmatrix} \dot{x}_1 \\ \dot{x}_2 \end{bmatrix} = \begin{bmatrix} A_1 & 0 \\ 0 & A_2 \end{bmatrix} \begin{bmatrix} x_1 \\ x_2 \end{bmatrix} + \begin{bmatrix} B_1 & 0 \\ 0 & B_2 \end{bmatrix} \begin{bmatrix} u_1 \\ u_2 \end{bmatrix}$$

$$\begin{bmatrix} y_1 \\ y_2 \end{bmatrix} = \begin{bmatrix} C_1 & 0 \\ 0 & C_2 \end{bmatrix} \begin{bmatrix} x_1 \\ x_2 \end{bmatrix} + \begin{bmatrix} D_1 & 0 \\ 0 & D_2 \end{bmatrix} \begin{bmatrix} u_1 \\ u_2 \end{bmatrix}$$

【例 3.14】 系统 1 为

$$\dot{\boldsymbol{x}}_1 = \begin{bmatrix} 0 & 1 \\ 1 & -2 \end{bmatrix} x_1 + \begin{bmatrix} 0 \\ 1 \end{bmatrix} u_1$$

$$\boldsymbol{y}_1 = \begin{bmatrix} 1 & 3 \end{bmatrix} x_1 + u_1$$

系统 2 为

$$\dot{\boldsymbol{x}}_2 = \begin{bmatrix} 0 & 1 \\ -1 & -3 \end{bmatrix} x_2 + \begin{bmatrix} 0 \\ 1 \end{bmatrix} u_2$$

$$\boldsymbol{y}_2 = \begin{bmatrix} 1 & 4 \end{bmatrix} x_2$$

求系统 1 和 2 的扩展。

A1＝[0 1；1 －2]；
B1＝[0 1]；
C1＝[1 3]；
D1＝1；
A2＝[0 1；－1 －3]；
B2＝[0 1]；
C2＝[1 4]；
D2＝0；
sys1＝ss(A1，B1，C1，D1)；
sys2＝ss(A2，B2，C2，D2)；
sys＝append(sys1，sys2)
运行结果如下：
a＝

	x1	x2	x3	x4
x1	0	1	0	0
x2	1	−2	0	0
x3	0	0	0	1
x4	0	0	−1	−3

b＝

	u1	u2
x1	0	0
x2	1	0
x3	0	0
x4	0	1

c＝

	x1	x2	x3	x4
y1	1	3	0	0
y2	0	0	1	4

d＝

	u1	u2
y1	1	0
y2	0	0

Continuous-time model.

【例 3.15】 系统 1、系统 2 的方程如下所示。

$$
\begin{bmatrix} \dot{x}_{11} \\ \dot{x}_{12} \\ \dot{x}_{13} \end{bmatrix} = \begin{bmatrix} 1 & 4 & 4 \\ 2 & 2 & 1 \\ 3 & 6 & 2 \end{bmatrix} \begin{bmatrix} x_{11} \\ x_{12} \\ x_{13} \end{bmatrix} + \begin{bmatrix} 0 & 1 & 0 \\ 1 & 0 & 0 \\ 0 & 0 & 1 \end{bmatrix} \begin{bmatrix} u_{11} \\ u_{12} \\ u_{13} \end{bmatrix}
$$

$$
\begin{bmatrix} y_{11} \\ y_{12} \end{bmatrix} = \begin{bmatrix} 0 & 0 & 1 \\ 0 & 1 & 1 \end{bmatrix} \begin{bmatrix} x_{11} \\ x_{12} \\ x_{13} \end{bmatrix} + \begin{bmatrix} 0 & 1 & 0 \\ 1 & 0 & 1 \end{bmatrix} \begin{bmatrix} u_{11} \\ u_{12} \\ u_{13} \end{bmatrix}
$$

$$
\begin{bmatrix} \dot{x}_{21} \\ \dot{x}_{22} \\ \dot{x}_{23} \end{bmatrix} = \begin{bmatrix} 1 & -1 & 0 \\ 3 & -2 & 1 \\ 1 & 6 & -1 \end{bmatrix} \begin{bmatrix} x_{21} \\ x_{22} \\ x_{23} \end{bmatrix} + \begin{bmatrix} 1 & 0 & 0 \\ 0 & 1 & 0 \\ 0 & 0 & 1 \end{bmatrix} \begin{bmatrix} u_{21} \\ u_{22} \\ u_{23} \end{bmatrix}
$$

$$
\begin{bmatrix} y_{21} \\ y_{22} \end{bmatrix} = \begin{bmatrix} 0 & 1 & 0 \\ 1 & 0 & 1 \end{bmatrix} \begin{bmatrix} x_{21} \\ x_{22} \\ x_{23} \end{bmatrix} + \begin{bmatrix} 1 & 1 & 0 \\ 1 & 0 & 1 \end{bmatrix} \begin{bmatrix} u_{21} \\ u_{22} \\ u_{23} \end{bmatrix}
$$

求部分并联后的状态方程，要求 u_{11} 与 u_{22} 连接，u_{13} 与 u_{23} 连接，y_{11} 与 y_{21} 连接。

3.3 状态空间模型实现

根据状态空间表达式的形式不同，系统状态空间实现可分为：能控标准型实现，能观标准型实现，对角线标准型实现，约旦标准型实现。

3.3.1 能控标准型实现

先讨论传递函数无零点的情况，即

$$
G(s) = \frac{Y(s)}{U(s)} = \frac{b_0}{s^n + a_{n+1}s^{n-1} + \cdots + a_1 s + a_0} \tag{3-35}
$$

该传递函数对应的微分方程为

$$
y^{(n)} + a_{n-1}y^{(a-1)} + \cdots + a_1 y + a_0 \dot{y} = b_0 u \tag{3-36}
$$

这是 n 阶微分方程，其独立的状态变量数为 n。设状态变量为

$$
\boldsymbol{x} = \begin{bmatrix} x_1 \\ x_2 \\ \vdots \\ x_n \end{bmatrix} = \begin{bmatrix} y \\ \dot{y} \\ \vdots \\ y^{(n-1)} \end{bmatrix} \tag{3-37}
$$

则式(3-36)可改写为 n 个一阶微分方程组。

$$
\left. \begin{array}{l} \dot{x}_1 = x_2 \\ \dot{x}_2 = x_3 \\ \vdots \\ \dot{x}_{n-1} = x_n \\ \dot{x}_n = -a_0 x_1 - a_1 x_2 - \cdots - a_{n-1} x_n + b_0 u \end{array} \right\} \tag{3-38}
$$

和

$$y = x_1 \tag{3-39}$$

写成状态空间表达式形式为

$$\left.\begin{aligned} \dot{x} &= Ax + Bu \\ y &= Cx \end{aligned}\right\} \tag{3-40}$$

式中,

$$A = \begin{bmatrix} 0 \\ \vdots & & I_{n-1} \\ 0 \\ -a_0 & -a_1 & \cdots & -a_{n-1} \end{bmatrix}, \ B = \begin{bmatrix} 0 \\ \vdots \\ 0 \\ b_0 \end{bmatrix}, \ C = \begin{bmatrix} 1 & 0 & \cdots & 0 \end{bmatrix} \tag{3-41}$$

在状态方程中,系统矩阵 A 和输入矩阵 B 具有式(3-41)的特征,称为能控标准型。

若设状态变量:

$$x = \begin{bmatrix} x_1 \\ x_2 \\ \vdots \\ x_n \end{bmatrix} = \begin{bmatrix} y^{(n-1)} \\ y^{(n-2)} \\ \vdots \\ y \end{bmatrix} \tag{3-42}$$

则由传递函数式(3-35)转换为状态空间表达式为

$$\dot{x} = Ax + Bu$$

$$y = Cx$$

$$A = \begin{bmatrix} -a_{n-1} & -a_{n-2} & \cdots & -a_1 & -a_0 \\ & & & & 0 \\ & & I_{n-1} & & \vdots \\ & & & & 0 \end{bmatrix}, \ B = \begin{bmatrix} b_0 \\ 0 \\ \vdots \\ 0 \end{bmatrix} \tag{3-43}$$

$$C = \begin{bmatrix} 0 & \cdots & 0 & 1 \end{bmatrix}$$

这是能控标准型的另一种形式。

若传递函数有零点,且大多数实际系统分子的阶数比分母要低,设传递函数形如:

$$G(s) = \frac{Y(s)}{U(s)} = \frac{b_{n-1}s^{n-1} + b_{n-2}s^{n-2} + \cdots + b_1 s + b_0}{s^n + a_{n-1}s^{n-1} + \cdots + a_1 s + a_0} \tag{3-44}$$

$$G(s) = \frac{Y(s)}{X(s)} \cdot \frac{X(s)}{U(s)} \tag{3-45}$$

令

$$\frac{X(s)}{U(s)} = \frac{1}{s^n + a_{n+1}s^{n-1} + \cdots + a_1 s + a_0} \tag{3-46}$$

$$\frac{Y(s)}{X(s)} = b_{n-1}s^{n-1} + b_{n-2}s^{n-2} + \cdots + b_1 s + b_0 \tag{3-47}$$

式(3-46)和式(3-35)形式相同,则对应的状态方程为

$$\dot{x} = Ax + Bu \tag{3-48}$$

式(3-46)和式(3-47)对应的输出方程为

$$y = Cx \tag{3-49}$$

式(3-49)为传递函数式(3-46)对应的状态空间模型,式中

$$A = \begin{bmatrix} 0 & & & I_{n-1} \\ 0 & & & \\ -a_0 & -a_1 & \cdots & -a_{n-1} \end{bmatrix}, \ B = \begin{bmatrix} 0 \\ \vdots \\ 0 \\ 1 \end{bmatrix}$$

$$C = \begin{bmatrix} b_0 & b_1 & \cdots & b_{n-1} \end{bmatrix}$$

由式(3-46)和式(3-43)可见，由传递函数模型转换为能控标准型状态空间模型只需根据式中矩阵 A，B，C 的特征直接将传递函数分子分母多项式对应的系数写入即可。

若传递函数为零极点增益形式将其展开变为分子分母多项式形式，即可将零极点增益模型转变为状态空间模型。

3.3.2 能观标准型实现

若系统传递函数仍如式(3-44)所示，则系统能观标准型的状态空间表达式为

$$\left. \begin{aligned} \dot{x} &= \begin{bmatrix} 0 & & -a_0 \\ & & -a_1 \\ & & \vdots \\ I_{n-1} & & -a_{n-1} \end{bmatrix} x + \begin{bmatrix} b_0 \\ b_1 \\ \vdots \\ b_{n-1} \end{bmatrix} u \\ y &= \begin{bmatrix} 0 & \cdots & 0 & 1 \end{bmatrix} x \end{aligned} \right\} \tag{3-50}$$

由式(3-50)可见，由传递函数模型转换为能观标准型状态空间模型只需根据式中矩阵 A，B，C 的特征直接将传递函数分子分母多项式对应的系数写入即可。

3.3.3 能控性与能观测性的定义

1. 计算能控与能观测性矩阵对(A,B)的克莱姆矩阵函数

调用格式为

$U_c = \mathrm{gram}(A,B)$

$U_0 = \mathrm{gram}(A',C')$

函数 1：根据式

$$U_c = \int c^{At} BB c^{A^T t} \, \mathrm{d}t \tag{3-51}$$

计算能控矩阵对(A,B)的克莱姆矩阵。如果

$$\mathrm{rank} U_c = n \tag{3-52}$$

则系统是状态完全能控的。

函数 2：根据式

$$U_0 = \int c^{A^T t} C^T C c^{At} \, \mathrm{d}t \tag{3-53}$$

计算能观测矩阵对(A,C)的克莱姆矩阵。如果

$$\mathrm{rank} U_0 = n \tag{3-54}$$

则系统是状态完全能观测的。

2. 构造能控与能观测性矩阵对(A,B)的克莱姆矩阵函数

调用格式为

$U_c = \text{ctrb}(A, B)$

$U_0 = \text{obsv}(A, C)$

函数 1：构造能控性判别矩阵为

$$U_c = \begin{bmatrix} B & AB & \cdots & A_{n-1}B \end{bmatrix} \tag{3-55}$$

如果

$$\text{rank}U_c = n \tag{3-56}$$

则系统是状态完全能控的。

函数 2：构造能观测判别矩阵为

$$U_0 = \begin{bmatrix} C^T & A^T C^T & \cdots & A_{n-1}^T C^T \end{bmatrix} \tag{3-57}$$

如果

$$\text{rank}U_0 = n \tag{3-58}$$

则系统是状态完全能观测的。

3.3.4 对角线标准型实现

1. 特征值标准型

线性时不变系统

$$\left. \begin{array}{l} \dot{x} = Ax + Bu \\ y = Cx + Du \end{array} \right\} \tag{3-59}$$

如果特征值 $\lambda_i (i=1, \cdots, n)$ 互不相同，必存在非奇异矩阵 P，由变换 $x = P\hat{x}$，将其化为特征值标准型。

$$\left. \begin{array}{l} \bar{x} = \bar{A}\dot{x} + \bar{B}u \\ y = \bar{C}\dot{x} + Du \end{array} \right\} \tag{3-60}$$

其中

$$\bar{A} = P^{-1}AP = \begin{bmatrix} \lambda_1 & & & \\ & \lambda_2 & & \\ & & \ddots & \\ & & & \lambda_N \end{bmatrix}, \bar{B} = P^{-t}B, \bar{C} = CP \tag{3-61}$$

为特征值标准型，变换矩阵：

$$P = \begin{bmatrix} v_1 & v_2 & \cdots & v_n \end{bmatrix} \tag{3-62}$$

其中 v_1 为矩阵 A 的对于 λ_1 的特征向量。

eig 函数调用格式：

$[v, \text{diag}] = \text{eig}(A)$

函数功能：用于将矩阵 A 化为对角线标准型，即特征值标准型。矩阵 A 为系统矩阵，返回变量 v 是变换矩阵，diag 是求得的特征值标准型矩阵。A 矩阵是对角线矩阵，若系统含有共轭复极点，则其极点实部和虚部以 2×2 模块形式位于对角线上。

2. 约旦标准型实现

设系统传递函数形如式(3-23)，其分母在 n 个实极点中有重极点。现设 λ_1 是 $G(s)$ 的一个 r 重极点。用部分分式展开，则有：

$$Y(s) = \sum_{r=1}^{r} \frac{C_1 U(s)}{(s-\lambda_1)^r} + \sum_{k=r+1}^{n} \frac{C_k U(s)}{s-\lambda_k} \tag{3-63}$$

则系统的状态空间模型为

$$\left. \begin{array}{l} \dot{x} = Ax + Bu \\ y = Cx \end{array} \right\} \tag{3-64}$$

其中

$$A = \begin{bmatrix} \lambda_1 & 1 & & 0 & & & 0 \\ & \ddots & \ddots & & & & \\ & & & 1 & & & \\ & & & \lambda_r & & & \\ & & & & \lambda_{r+1} & & 0 \\ & & & & & \ddots & \\ 0 & & & 0 & & & \lambda_n \end{bmatrix}$$

$$B = \begin{bmatrix} 0 \\ \vdots \\ 0 \\ 1 \\ \vdots \\ 1 \end{bmatrix} \quad \longleftarrow \text{第} r \text{个元素}$$

$$C = \begin{bmatrix} C_r & C_{r-1} & \cdots & C_1, C_{r+1} & \cdots & C_n \end{bmatrix}$$

这里, 矩阵 A 为约旦标准型。

函数 cannon 生成一个约旦标准型状态模型, 调用格式为

csys＝cannon(sys, type)

其中, sys 为原系统模型, csys 是对角线标准型实现。type 为转换后的标准型类型, 有两个选项: ′modal′和′mpanion′。

3. ′modal′对角线标准实现

当系统具有共轭复数特征值 $\sigma \pm j\omega$ 的时候, 其特征向量、特征值标准型以及变换矩阵都是复数矩阵, 应用不方便, 此时, 可以将系统化为对角线的模态(modal)标准型。

设系统矩阵 A 的共轭复数特征值为 $\lambda_{1,2}$, $Av_1 = \lambda_1 v_1$, 令变换矩阵为 P, 将矩阵 A 变换为 $\hat{A}$, 即

$$\hat{A} = P^{-1}AP = \begin{bmatrix} \sigma & \omega \\ -\omega & \sigma \end{bmatrix} \tag{3-65}$$

如果对应于特征值 $\lambda_{1,2} = \sigma + j\omega$ 的特征向量为 $v_1 = \alpha + j\beta$, 由特征值定义有:

$$Av_1 = \lambda_1 v_1 \tag{3-66}$$

可以得到, 变换矩阵为

$$P = \begin{bmatrix} p_1 & p_2 \end{bmatrix} = \begin{bmatrix} \alpha & \beta \end{bmatrix} \tag{3-67}$$

4. 伴随标准型

系统[A, B, C, D], 其伴随标准型为[A_c, B_c, C_c, D_c], 其中

$$\bar{A} = T^{-1}AT = \begin{bmatrix} 0 & \cdots & 0 & -a_0 \\ 1 & & & -a_1 \\ & \ddots & & \vdots \\ & & 1 & -a_{n-1} \end{bmatrix}, \quad \bar{B} = T^{-1}B, \quad \bar{C} = CT \qquad (3-68)$$

$\bar{A}$ 的最右边一列为系统特征多项式的系数向量，T 为变换矩阵，即

$$T = \begin{bmatrix} B & AB & \cdots & A_{n-1}B \end{bmatrix} \qquad (3-69)$$

Canon 函数调用格式

[Ac,Bc,Cc,Dc]＝canon(A,B,C,D,'modal')

[Ac,Bc,Cc,Dc,T]＝canon(A,B,C,D,'modal')

[Ac,Bc,Cc,Dc]＝canon(A,B,C,D,'companion')

[Ac,Bc,Cc,Dc,T]＝canon(A,B,C,D,'companion')

函数功能：将系统化为模态标准型或者正则标准型。

格式 1：选项'modal'将系统[A，B，C，D]化为模态标准型[Ac，Bc，Cc，Dc]。

格式 2：将系统化为模态标准型，并返回变换矩阵 T。

格式 3：选项'companion'将系统[A，B，C，D]化为伴随标准型[Ac，Bc，Cc，Dc]。

格式 4：将系统化为伴随标准型，并返回变换矩阵 T。这种形式往往具有病态条件，应尽可能避免。

3.3.5　系统能控性和能观性矩阵

由控制理论，对于线性时不变系统(A，B，C，D)，其能控性矩阵为

$$C_0 = \begin{bmatrix} B & A_1B & A_2B & \cdots & A_{n-1}B \end{bmatrix} \qquad (3-70)$$

若 C_0 是满秩的，则系统是完全能控的。

对于线性时不变系统(A，B，C，D)，其能观性[①]矩阵为

$$O_b = \begin{bmatrix} C \\ CA \\ CA^2 \\ \vdots \\ CA^{n-1} \end{bmatrix} \qquad (3-71)$$

若 O_b 是满秩的，则系统是完全能观的。

MATLAB 控制工具箱中，提供函数 ctrb 计算能控性矩阵，调用格式为

C_0＝ctrb(sys)

或

C_0＝ctrb(A，B)

函数 obsv 计算能观性矩阵，调用格式为

O_b＝obsv(sys)

或

O_b＝obsy(A，C)

---

① 能观性即指能观测性。

3.3.6　系统的最小实现

若系统的传递函数没有零点、极点对消情况，则其对应的状态空间模型所需状态变量最少，称为系统的最小实现。

$$\dot{x} = \begin{bmatrix} \hat{A}_{c,0} & 0 & \hat{A}_{1,3} & 0 \\ \hat{A}_{2,1} & \hat{A}_{c,\overline{0}} & \hat{A}_{2,3} & \hat{A}_{2,4} \\ 0 & 0 & \hat{A}_{\overline{c},0} & 0 \\ 0 & 0 & \hat{A}_{4,3} & \hat{A}_{\overline{c},\overline{0}} \end{bmatrix} \overline{x} + \begin{bmatrix} \hat{B}_{c,0} \\ \hat{B}_{c,\overline{0}} \\ 0 \\ 0 \end{bmatrix} u \qquad (3-72)$$

式中，$(\hat{A}_{c,0}, \hat{B}_{c,0}, \hat{C}_{c,0})$ 为系统的能控、能观子空间；

$(\hat{A}_{c,\overline{0}}, \hat{B}_{c,\overline{0}}, \hat{C}_{c,\overline{0}})$ 为系统的能控、不能观子空间；

$(\hat{A}_{\overline{c},0}, \hat{B}_{\overline{c},0}, \hat{C}_{\overline{c},0})$ 为系统的不能控、能观子空间；

$(\hat{A}_{\overline{c},\overline{0}}, 0, 0)$ 为系统的不能控、不能观子空间。

在能控、能观的分解中，既能控又能观的子空间称为原系统的最小实现。从传递函数角度，最小实现的系统没有零、极点对消的情况。

MATLAB 函数直接用子状态空间的最小实现，即删除状态空间模型的不能观、不能控或不能控不能观的状态，保留既能控又能观的状态，或消除模型中的相同零极点对。调用格式为

sysm＝minreal(sys)

其中，sys 为原系统模型，sysm 为最小实现模型。

3.3.7　控制系统的模型属性

MATLAB 提供了许多用来分析控制系统模型属性的函数，例如常用的可控性、可观性，阻尼系数，自然频率等，如表 3.3 所示。

表 3.3　模型属性函数及说明

函　　数	说　　明
ctrb	求可控性矩阵
obsv	求可观性矩阵
damp	求系统的阻尼系数和自然频率
ddamp	求离散系统的阻尼系数和自然频率
dogain	求可控系统的增益
ddogain	求离散控制系统的增益
dsort	离散系统按尺度分类的特征值
esort	连续系统按实部分类的特征值
gram	求连续系统可控或可观克莱姆矩阵
dgram	求离散系统可控或可观克莱姆矩阵
tzero	求传输零点
printsys	系统打印

例如 ctrb(), obsv() 用来求系统的可控性和可观性矩阵。其用法如下：

Ac＝ctrb(A，B)

A0＝obsv(A，B)

对 $n \times n$ 矩阵 A，$n \times m$ 矩阵 B 和 $p \times n$ 矩阵 C，ctrb(A，B) 可得到如下所示的 $n \times nm$ 的可控性矩阵：

$$A_c = \begin{bmatrix} B & AB & A^2B & \cdots & A^{n-1}B \end{bmatrix} \tag{3-73}$$

obsv(A，C) 可以得到如下所示的 $nm \times n$ 的可观性矩阵：

$$A_0 = \begin{bmatrix} C \\ CA \\ CA^2 \\ \vdots \\ CA^{n-1} \end{bmatrix} \tag{3-74}$$

当 A_c 的秩为 n 时，系统可控；当 A_0 的秩为 n 时，系统可观。

练 习 题

1. 某系统的网络传递函数分别如下所示，试用 MATLAB 表示它们。

(1) $\dfrac{U_2(s)}{U_1(s)} = \dfrac{R_2}{R_1 + R_2} \dfrac{1 + R_1 C_1 s}{1 + \dfrac{R_2}{R_1 + R_2} R_1 C_1 s}$

(2) $\dfrac{U_2(s)}{U_1(s)} = \dfrac{R_2(R_1 + R_3) C_1 C_2 s^2 + (R_1 C_1 + R_2 C_2 + R_3 C_1) s + 1}{(R_1 R_2 + R_2 R_3 + R_1 R_3) C_1 C_2 s^2 + (R_1 C_1 + R_2 C_2 + R_1 C_2 + R_3 C_1) s + 1}$

2. 求下列各传递函数的可观标准型实现。

(1) $g(s) = \dfrac{(s-1)(s-2)}{(s+1)(s-2)(s+3)}$

(2) $g(s) = \dfrac{2s^3 + s^2 + 7s}{s^4 + 3s^3 + 5s^2 + 4s}$

(3) $g(s) = \dfrac{3s^3 + s^2 + s + 1}{s^3 + 1}$

(4) $g(s) = \dfrac{1}{(s+3)^3}$

3. 求下列各传递函数的约旦型实现。

(1) $g(s) = \dfrac{s^2 + s - 6}{s^4 + 10s^3 + 35s^2 + 50s + 24}$

(2) $g(s) = \dfrac{4s^2 + 17s + 16}{s^3 + 7s^2 + 16s + 12}$

(3) $g(s) = \dfrac{2s^2 + 5s + 1}{s^3 + 6s^2 + 12s + 8}$

(4) $g(s) = \dfrac{(s+1)^3}{s^3}$

4. 试将系统$(A，B，C)$化为可控标准型系统,并求相应的变换矩阵P。已知:

(1) $A = \begin{bmatrix} 1 & 2 & 0 \\ 3 & -1 & 1 \\ 0 & 2 & 0 \end{bmatrix}$, $B = \begin{bmatrix} 2 \\ 1 \\ 1 \end{bmatrix}$, $C = \begin{bmatrix} 0 & 0 & 1 \end{bmatrix}$

(2) $A = \begin{bmatrix} 0 & 0 & -2 \\ 1 & 0 & 9 \\ 0 & 1 & 0 \end{bmatrix}$, $B = \begin{bmatrix} -3 \\ 2 \\ 1 \end{bmatrix}$, $C = \begin{bmatrix} 0 & 0 & 1 \end{bmatrix}$

(3) $A = \begin{bmatrix} 1 & 1 & 0 \\ 0 & 1 & 0 \\ 0 & 0 & 2 \end{bmatrix}$, $B = \begin{bmatrix} 0 \\ 1 \\ 1 \end{bmatrix}$, $C = \begin{bmatrix} 1 & 2 & 3 \end{bmatrix}$

第4章 控制系统的仿真分析

在传统的系统分析过程中，如果用户需要研究一个系统的某种响应，往往需要自己编写数值计算程序。例如，如果用户想要得到一个系统的冲激响应曲线，首先需要编写一个求解微分方程的子程序，然后将已经获得的系统模型输入计算机，通过计算机的运算获得冲激响应的数据，最后再编写一个绘图程序，将数据绘制成可供工程分析的曲线图形。整个分析过程是非常复杂的，需要耗费程序员大量的时间和精力，而往往却因疏忽得不到正确的结果。MATLAB 的诞生解决了工程实际中这一棘手的问题，尤其 MATLAB 的控制系统工具箱和 Simulink 辅助环境的出现，给系统分析员带来了福音，因为以往那些费时费力却又未必能够正确完成的任务现在都可以由 MATLAB 准确无误完成了。

控制系统的分析是进行控制系统设计的基础，同时也是工程实际中解决问题的主要方法，因而对控制系统的分析在控制系统仿真中具有举足轻重的作用。

通过求取系统的零极点增益模型直接获得系统的零极点，从而可以直接对控制系统的稳定性及是否为最小相位系统作出判断。

控制系统的经典分析方法（时域、频域分析）是目前控制系统界进行科学研究的主要方法，是进行控制系统设计的基础，要求熟练掌握单位阶跃响应、波特图等常用命令的使用。根轨迹分析是求解闭环特征方程根的最简单的图解方法，要求熟练掌握根轨迹的绘制。

本章主要介绍系统的稳定性分析法、时域分析法、频域分析法和根轨迹分析法，以及状态变量分析法。

4.1 控制系统的稳定性分析

稳定是控制系统能够正常运行的首要条件。控制系统稳定性的严格定义和理论阐述是由俄国学者李雅普诺夫于 1892 年提出的，它主要用于判别时变系统和非线性系统的稳定性。

稳定性的一般定义是：设一线性定常系统原来处于某一平衡状态，若它瞬间受到某一扰动作用而偏离了原来的平衡状态，当此扰动撤消后，系统仍能回到原有的平衡状态，则称该系统是稳定的。反之，系统为不稳定的。线性系统的稳定性取决于系统的固有特征（结构、参数），与系统的输入信号无关。

基于稳定性研究的问题是扰动作用撤消后系统的运动情况，它与系统的输入信号无关，只取决于系统本身的特征，因而可用系统的脉冲响应函数来描述。如果脉冲响应函数是收敛的，即有

$$\lim_{x \to \infty} g(t) = 0 \tag{4-1}$$

则表示系统仍能回到原有的平衡状态，因而系统是稳定的。由此可知，系统的稳定与其脉冲响应函数的收敛是一致的。由于单位脉冲函数的拉普拉斯变换等于 1，因此系统的脉冲响应函数就是系统闭环传递函数的拉普拉斯反变换。

因此，连续系统的稳定性可以根据闭环极点在 s 平面内的位置予以确定，如果一个连续系统的闭环极点都位于左半 s 平面，则该系统是稳定的。

离散系统的稳定性可以根据闭环极点在 z 平面的位置予以确定。如果一个离散系统的闭环极点都位于 z 平面的单位圆内，则该系统是稳定的。

按照常规的求取微分方程的根，再根据根的实部来判断系统稳定性的方法往往工作量会很大，且不易进行，因而一般都采用间接的方法来判断系统的稳定性。例如常用的方法主要有罗斯(Routh)表和朱利(Jury)表，这样做比用求根判断稳定的方法要简单许多，而且这些方法都已经经过了数学上的证明，是完全有理论根据，且实用性非常好。但是，随着计算机功能的进一步完善和 MATLAB 语言的出现，一般在工程实际当中已经不再采用这些方法了，因为从前面章节的介绍可以看出，用 MATLAB 提供的函数可以直接求出控制系统的所有极点，所以用户也就没有必要再去编写程序来使用间接的方法判断系统的稳定性了。

直接求根的方法具有比间接判断更多的优势，因为它除了可以直接求出线性系统的极点，判断系统的稳定性外，同时还可以判断系统是否为最小相位系统。从控制理论可知，所谓最小相位系统，首先是指一个稳定的系统，同时对于连续系统而言，系统的所有零点都位于 s 平面的左半平面，即零点的实部小于零，对于一个离散系统而言，系统的所有零点都位于 z 平面的单位圆内。很显然，只要知道了系统的所有零点即可以判断系统是否为最小相位系统了。从前面的章节可知，只要知道了系统的模型，不论哪种形式的数学模型，都可以很方便地由 MATLAB 求系统的零极点，从而判断系统的稳定性以及判断系统是否为最小相位系统，而这一点对于工程实际而言是十分重要的。

4.1.1 间接判别法

线性系统稳定的充要条件就是闭环特征方程式的根必须都位于 s 的左半平面。能否找到一种不用求根而直接判别系统稳定性的方式，这就是所谓的间接判别方法。

令系统的闭环特征方程为

$$\alpha_0 s^n + \alpha_1 s^{n-1} + \alpha_2 s^{n-2} + \cdots + \alpha_{n-1} s + \alpha_n = 0 \qquad \alpha_0 > 0 \qquad (4-2)$$

由数学知识可以知道，如果方程式的根都是负实部，或其实部为负的复数根，则其特征方程式的各项系数均为正值，且无零系数。

罗斯稳定判据就是直接根据特征方程的系数来判别系统稳定性的一种间接方法(不用直接求根，因为求根很复杂)，它是由罗斯于 1877 年首先提出的。

设系统特征方程式如式(4-2)所示，现将各项系数按下面的格式排成罗斯表：

s^n	a_0	a_2	a_4	a_6	$\cdots$
s^{n-1}	a_1	a_3	a_5	a_7	$\cdots$
s^{n-2}	b_1	b_2	b_3	b_4	$\cdots$
s^{n-3}	c_1	c_2	c_3		$\cdots$

$$\vdots$$
$$s^2 \quad d_1 \quad d_2 \quad d_3$$
$$s^1 \quad e_1 \quad e_2$$
$$s^0 \quad f_1$$

表中

$$b_1 = \frac{a_1 a_2 - a_0 a_3}{a_1}, \; b_2 = \frac{a_1 a_4 - a_0 a_5}{a_1}, \; b_3 = \frac{a_1 a_6 - a_0 a_7}{a_1} \cdots$$

$$c_1 = \frac{b_1 a_3 - a_1 b_2}{b_1}, \; c_2 = \frac{b_1 a_5 - a_1 b_3}{b_1}, \; c_3 = \frac{b_1 a_7 - a_1 b_4}{b_1} \cdots$$

$$\vdots$$

$$f_1 = \frac{e_1 d_2 - d_1 e_2}{e_1}$$

这样可求得 $n+1$ 行系数。

罗斯稳定判据规则：

根据所列罗斯表第一列系数符号的变化，就可以判别特征方程式根在 s 平面上的具体分布，过程如下：

(1) 如果罗斯表中第一列的系数均为正值，则其特征方程式的根都在 s 的左半平面，相应的系统是稳定的。

(2) 如果罗斯表中第一列系数的符号有变化，则其变化的次数等于该特征方程式的根在 s 的右半平面上的个数，相应的系统为不稳定系统。

【例 4.1】 已知一调速系统的特征方程式为：$s^3 + 41.5s^2 + 517s + 2.3 \times 10^4 = 0$，试用罗斯判据判别系统的稳定性。

解 列罗斯表：

$$s^3 \quad 1 \quad\quad 517 \quad\quad 0$$
$$s^2 \quad 41.5 \quad 2.3 \times 10^4 \quad 0$$
$$s^1 \quad -38.5$$
$$s^0 \quad 2.3 \times 10^4$$

由于该表第一列系数的符号变化了两次，因此该方程中有两个根在 s 的右半平面，所以系统是不稳定的。

4.1.2 直接判别法

1. 直接求根判定系统稳定性

以往在分析系统的稳定性时，在特征方程不易求根的情况下，常采用间接的方法来判定系统的稳定性，如利用罗斯表稳定判据判定系统稳定性。但随着 MATLAB 语言的出现，利用 MATLAB 直接对特征方程求根判定系统稳定性已变得轻而易举。并且 MATLAB 提供了直接求取系统所有零极点的函数，因此可以直接根据零极点的分布情况对系统的稳定性以及是否为最小相位系统进行判断。

所谓最小相位系统，对连续系统来说，除了系统本身是稳定的，系统的所有零点还都必须位于左半 s 平面；对离散系统来说，除了系统本身稳定之外，系统的所有零点都必须位于 z 平面的单位圆内。很显然，利用 MATLAB 对稳定系统的零点情况进行分析即可判定系统是否为最小相位系统。

【例 4.2】 已知单位负反馈系统的开环传递函数为

$$G(s) = \frac{1}{2s^4 + 3s^3 + s^2 + 5s + 4}$$

可以输入下面的 MATLAB 程序来判别系统的稳定性。

执行下面的 M 文件：

```
numo=[1];
deno=[2 3 1 5 4];
numc=numo;
denc=numo+deno;          %求系统闭环传递函数的分子分母多项式系数
[z,p]=tf2zp(numc,denc)
ii= find(real(p)>0);
n=length(ii);            %闭环极点实部大于 0 的个数
if (n>0),disp('system is unable');
end
```

运行结果为

```
z =
    Empty matrix：0—by—1
p =
     0.4357 + 1.0925j
     0.4357 — 1.0925j
    —1.2048
    —1.0000
system is unable
```

说明：[z, p]=tf2zp(numc, denc)为变系统多项式传递函数为零点、极点形式；函数 real(p)表示极点 p 的实部；find()函数用来得到满足指定条件的数组下标向量。

本例中的条件式 real(p>0)，其含义就是找出极点向量 p 中满足实部的值大于 0 的所有元素下标，并将结果返回到 ii 向量中去。这样如果找到了实部大于 0 的极点，则会将该极点的序号返回到 ii 下。如果最终的结果里 ii 的元素个数大于 0，则认为找到了不稳定极点，因而给出系统不稳定的提示，若产生的 ii 向量的元素个数为 0，则认为没有找到不稳定的极点，因而得出系统稳定的结论。

【例 4.3】 已知一个离散控制系统的闭环传递函数为

$$G(s) = \frac{2z^2 + 1.56z + 1}{5z^3 + 1.4z^2 - 1.3z + 0.68}$$

输入下面的 MATLAB 语句来判定系统的稳定性。

执行下面的 M 文件：

```
num＝［2 1.56 1］;
den＝［5 1.4 −1.3 0.68］;
［z,p］＝tf2zp(num,den)
ii＝find(abs(p)＞1);
n＝length(ii);
if (n＞0),disp('system is unable');
else disp('system is able');
end
```

运行结果为

```
z ＝
    −0.3900 ＋ 0.5898j
    −0.3900 − 0.5898j
p ＝
    −0.8091
     0.2645 ＋ 0.3132j
     0.2645 − 0.3132j
system is able
```

说明：函数 abs(p)表示取极点 p 的绝对值或幅值（复数）。

【例 4.4】 已知某系统的状态方程为

$$\dot{x} = \begin{bmatrix} 1 & 2 & -1 & 2 \\ 2 & 6 & 3 & 0 \\ 4 & 7 & -8 & -5 \\ 7 & 2 & 1 & 6 \end{bmatrix} x + \begin{bmatrix} -1 \\ 0 \\ 0 \\ 1 \end{bmatrix} u$$

$$y = \begin{bmatrix} -2 & 5 & 6 & 1 \end{bmatrix} x + 7u$$

要求判断系统的稳定性及系统是否为最小相位系统。

执行下面的 M 文件：

```
clear
clc
close all
%系统描述
a＝［1 2 −1 2;2 6 3 0;4 7 −8 −5;7 2 1 6］;
b＝［−1 0 0 1］';
c＝［−2 5 6 1］;d＝7;
%求系统的零极点
［z,p,k］＝ss2zp(a,b,c,d)
%检验零点的实部；求取零点实部大于零的个数
ii＝find(real(z)＞0)
n1＝length(ii);
%检验极点的实部；求取极点实部大于零的个数
```

```
jj＝find(real(p)＞0)
n2＝length(jj)；
％判断系统是否稳定
if(n2＞0)
    disp('the system is unstable')
    disp('the unstable pole are：')
    disp(p(jj))
    else
    disp('the system is stable')
end
％判断系统是否为最小相位系统
if(n1＞0)
    disp('the system is a nonminimal phase one')
else
    disp('the system is a minimal phase one')
end
％绘制零极点图
pzmap(p,z)
```

在本例中，find( )函数的条件式为 real(p)＞0 和 real(z)＞0。对于前者而言，其含义在于求出 p 矩阵中实部大于 0 的所有元素的下标，并将结果返回到 ii 总数组中去。这样，如果找到了实部大于 0 的极点，即认为找到了不稳定的极点，因而给出系统不稳定的提示，若产生的 ii 向量的元素个数为 0，即认为没有找到不稳定的极点，因而系统稳定。条件 real(z)＞0 则是判断该系统是否为最小相位系统，其判断方法与稳定性判断相同。

该程序运行结果如下所示：

```
z ＝
    －2.5260
      8.0485 ＋ 0.5487j
      8.0485 － 0.5487j
    －8.9995
p ＝
    －2.4242
    －8.2656
      7.8449 ＋ 0.3756j
      7.8449 － 0.3756j
k ＝
      7
ii ＝
      2
      3
```

jj =

    3

    4

the system is unstable

the unstable pole are：

    7.8449 + 0.3756j

    7.8449 − 0.3756j

the system is a nonminimal phase one

从运行结果可以看出该系统是一个不稳定系统，也是一个非最小相位系统。该系统的零点和极点分别为：

z= [−2.5150   8.0242 + 0.5350j   8.0242 −0.5350j −8.9085]

p= [−2.4242 −8.2656   7.8449 + 0.3756j   7.8449 −0.3756j]

即极点和零点均在 s 平面右半平面，其零点和极点分别如图 4−1 所示。在零极点分布图中，一般由叉号表示极点，圈号表示零点。

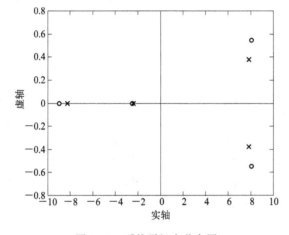

图 4−1　系统零极点分布图

【例 4.5】　系统的传递函数为

$$G(s) = \frac{3s^3 + 16s^2 + 41s + 28}{s^6 + 14s^5 + 110s^4 + 528s^3 + 1494s^2 + 2117s + 112}$$

判断系统的稳定性，以及系统是否为最小相位系统。

执行下面的 M 文件：

```
clear
clc
close all
%系统描述
num=[3 16 41 28];
den=[1 14 110 528 1494 2117 112];
%求系统的零极点
[z,p,k]=tf2zp(num,den)
```

%检验零点的实部；求取零点实部大于零的个数

ii＝find(real(z)＞0)

n1＝length(ii);

%检验极点的实部；求取极点实部大于零的个数

jj＝find(real(p)＞0)

n2＝length(jj);

%判断系统是否稳定

if(n2＞0)

　　　　disp('the system is unstable')

　　　　disp('the unstable pole are:')

　　　　disp(p(jj))

　　　　else

　　　　disp('the system is stable')

end

%判断系统是否为最小相位系统

if(n1＞0)

　　　　disp('the system is a nonminimal phase one')

else

　　　　disp('the syetem is a minimal phase one')

end

%绘制零极点图

pzmap(p,z)

这里首先调用 tf2zp() 这个函数求取系统的零点和极点，然后用例 4.4 中的方法来判断系统的稳定性与是否为最小相位系统。运行结果如下所示：

z ＝

　　　−2.1667 ＋ 2.1538j

　　　−2.1667 − 2.1538j

　　　−1.0000

p ＝

　　　−1.9474 ＋ 5.0282j

　　　−1.9474 − 5.0282j

　　　−4.2998

　　　−2.8752 ＋ 2.8324j

　　　−2.8752 − 2.8324j

　　　−0.0550

k ＝

　　　3

ii ＝

　　　0

jj =

　　0

the system is stable

the syetem is a minimal phase one

即该系统是稳定的，且是最小相位系统，其零极点分布如图 4 - 2 所示。

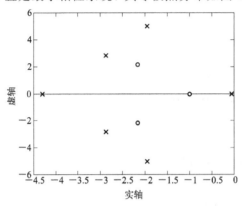

图 4 - 2　系统零极点分布图

【例 4.6】　已知某离散系统的开环传递函数为

$$G(s) = \frac{z^5 + 6z^4 + 4z^3 + 8z^2 + 9z + 2}{z^5 + 3z^3}$$

判断系统是否稳定，以及系统是否为最小相位系统。

执行下面的 M 文件：

numo＝[1 6 4 8 9 2]；

deno＝[1 0 3 0 0 0]；

％求闭环系统的传递函数

numc＝numo；

denc＝deno＋numo；

％求系统的零极点

[z,p]＝tf2zp(numc,denc)；

ii＝find(abs(z)＞1)；

n1＝length(ii)；

jj＝find(abs(p)＞1)；

n2＝length(jj)；

if(n1＞0)

disp('The system is a Nonminimal Phase One.')；

else('The system is a Minimal Phase One.')；

end

if(n2＞0)

　　disp('The system is Unstable.')；

　　％如果系统不稳定，则显示出不稳定的极点

　　disp('The Unstable Poles are：')；

```
        disp(p(jj))
else
        disp('The system is Stable. ');
end
```
%绘制零极点图
```
pzmap(p,z);
title('The Poles and Zero map of a Discrate System');
hold;
```
%绘制单位圆
```
x=-1:0.001:1;
y1=(1-x.^2).^0.5;
y2=-(1-x.^2).^0.5;
plot(x,y1,x,y2);
```
运行结果如下所示：

The system is a Nonminimal Phase One.

The system is Unstable.

The Unstable Poles are：

　　　0 + 1.7321j

　　　0 − 1.7321j

从运行结果可以看出，该系统是不稳定的离散系统，不稳定极点如上面运行结果所示，同时该系统也是一个非最小相位系统。

注意到本例中判断系统的稳定性方法和判断系统是否为最小相位系统的方法与连续系统的不同，这是因为在离散系统中，系统稳定应满足所有极点都在 z 平面的单位圆内，系统为最小相位系统应满足所有零点都在单位圆内，因而作相应的调整，如本例中程序所示，即判断所有极点的模是否大于 1 和所有零点的模是否大于 1。该离散系统的零极点分布如图 4−3 所示。从图中可以看出，该系统有四个极点和三个零点位于单位圆以外。因而该系统并不是最小相位系统，同时也不是稳定系统，这与直接由本例中程序所运算出的结果是完全符合的。

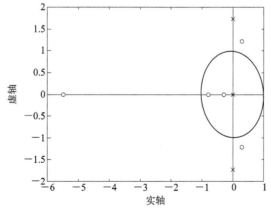

图 4−3　系统零极点分布图

2. 绘制系统零极点图判定稳定性

在 MATLAB 中，还可以利用 pzmap() 和 zplane() 函数形象地绘出连续离散系统的零极点图，从而判断系统的稳定性。

【例 4.7】 考虑例 4.2，可输入以下 MATLAB 语句来绘制连续系统的零极点图，零极点图如图 4-4 所示。

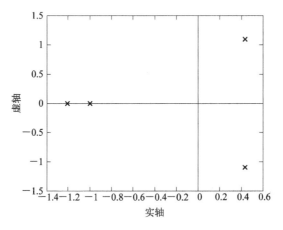

图 4-4　系统零极点分布图

执行下面的 M 文件：

numo＝[1]；

deno＝[2 3 1 5 4]；

numc＝numo；

denc＝numo＋deno；

pzmap(numc, denc)

由图 4-4 可看出，该系统有两个极点位于右半平面，所以很容易判断此连续系统是不稳定的。

【例 4.8】 考虑例 4.3，可输入以下 MATLAB 语句来绘制离散系统的零极点图，零极点图如图 4-5 所示。

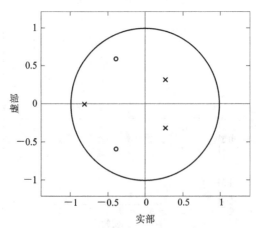

图 4-5　系统零极点分布图

执行下面的 M 文件：

um＝[2 1.56 1]；

den＝[5 1.4 −1.3 0.68]；

pzmap(num,den)；

%绘制单位圆

hold；

x＝−1：0.001：1；

y1＝(1−x.^2).^0.5；

y2＝−(1−x.^2).^0.5；

plot(x,y1,x,y2)；

由图 4−5 可看出，此离散系统的零极点都位于 z 平面的单位圆内，所以可判断此系统为最小相位系统。

3. Lyapunov 稳定性判据

早在 1892 年，Lyapunov 就提出了一种可普遍适用于线性、非线性系统稳定性分析的方法。稳定性是相对于某个平衡状态而言的。因为线性定常系统只有唯一的一个平衡点，所以我们可以笼统地讲系统的稳定性问题。但对于其他类型系统则有可能存在多个平衡点，不同平衡点有可能表现出不同的稳定性，因此必须分别加以讨论。

对于线性定常系统，Lyapunov 稳定性判据基于以下定理。设线性定常系统为

$$\begin{cases} \dot{x} = Ax + Bu \\ y = Cx \end{cases} \tag{4-3}$$

如果对任意给定的正定实对称矩阵 W，均存在正定矩阵 V 满足下面的方程：

$$A^{\mathrm{T}}V + VA = -W \tag{4-4}$$

则称系统是稳定的，上述方程称为 Lyapunov 方程。

MATLAB 中，Lyapunov 方程可以由控制系统工具箱中提供的 lyap() 函数求解，该函数的调用格式为：V＝Lyap(A，W)。

下面通过一个例子分析如何利用 lyap() 函数来判定系统的稳定性。

【例 4.9】　已知系统的状态方程为

$$\dot{x} = \begin{bmatrix} 2.25 & -5 & -1.25 & -0.5 \\ 2.25 & -4.25 & -1.25 & -0.25 \\ 0.25 & -0.5 & -1.25 & -1 \\ 1.25 & -1.75 & -0.25 & -0.75 \end{bmatrix} x + \begin{bmatrix} 0 \\ 1 \\ 0 \\ 2 \end{bmatrix} u$$

试分析系统的稳定性。

输入以下 MATLAB 语句判定上述系统的稳定性：

A＝[2.25 −5 −1.25 −0.5；2.25 −4.25 −1.25 −0.25；0.25 −0.5 −1.25 −1；1.25 −1.75 −0.25 −0.75]；

W＝diag([1 1 1 1])；

V＝lyap(A，W)；

运行结果为

V＝

$$5.8617 \quad 2.6931 \quad -0.7622 \quad 2.3518$$
$$2.6931 \quad 1.7113 \quad -0.8302 \quad 1.2974$$
$$-0.7622 \quad -0.8302 \quad 1.2694 \quad -0.8623$$
$$2.3518 \quad 1.2974 \quad -0.8623 \quad 1.8465$$

输入以下 MATLAB 语句判定矩阵 V 是否正定：

delt1＝det(V(1,1))

delt2＝det(V(2,2))

delt3＝det(V(3,3))

delt4＝det(V)

运行结果为

delt1＝5.8617

det2＝1.7113

det3＝1.2694

det4＝1.2124

4.2 控制系统的时域分析

在控制理论中，时域分析是对控制系统进行分析、评价的最直接最基本的方法，对控制系统进行时域分析，实质上就是研究系统在某一典型输入信号作用下，系统输出随时间变化的曲线，从而分析评价系统的性能。

对控制系统来说，系统的数学模型实际上就是某种微分方程或差分方程。因此对系统进行时域分析就表现为从给定初始值出发，以某种数值算法计算系统各个时刻的输出响应，由此来分析系统的性能。

求解控制系统的时域响应首先要知道描述系统的数学模型，数学模型一旦建立，就可以求解控制系统的时域响应，从而对系统进行分析和评价。

4.2.1 时域分析的一般方法

在分析和设计控制系统时，常选用一些典型的输入信号作为对各种控制系统性能进行比较的基础。通过系统对典型输入信号的响应特性，来分析系统的性能，作为系统设计的参考。

工程设计中常用的典型输入信号有阶跃函数、斜坡函数、加速度函数、脉冲函数和正弦函数等。利用这些简单的时间输入信号，可以很容易地对控制系统进行数学上和实验上的分析。

因为在零初始条件下，控制系统的时间响应只由两部分组成：暂态响应和稳态响应，所以对于稳定的控制系统，其时域特性可以由动（暂）态响应和稳态响应的性能指标来表征。

1. 控制系统的性能指标

控制系统的阶跃响应曲线如图 4-6 所示。

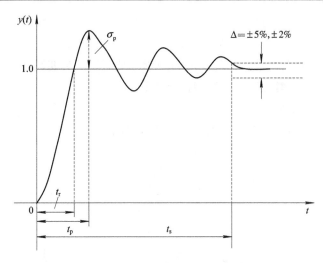

图 4 - 6　系统的阶跃响应曲线

1) 动（暂）态性能指标

控制系统的动（暂）态响应性能指标是在零初始条件下，通过系统单位阶跃响应的特征来定义的。典型的动（暂）态响应性能指标有：上升时间 t_r、峰值时间 t_p、最大超调量 σ_p、调整时间 t_s。上述性能指标是这样定义的：

（1）上升时间 t_r：暂态过程中，系统单位阶跃响应第一次到达稳态值的时间称为上升时间。

（2）峰值时间 t_p：单位阶跃响应曲线到达第一个峰值的时间称为峰值时间。

（3）最大超调量 σ_p：系统阶跃响应最大值 y_{max} 和稳态值 $y(\infty)$ 的差值与稳态值 $v(s)$ 的比值定义为最大超调量，即

$$\sigma_p = \frac{y_{max} - y(\infty)}{y(\infty)} \qquad (4-5)$$

最大超调量的数值直接说明了系统的相对稳定性。

（4）调整时间 t_s：系统输出衰减到一定误差带内，并且不再超出误差带的时间称为调整时间。相对误差带一般取 $\pm 2\%$ 或 $\pm 5\%$。

注意：上述性能指标定义的前提为系统是稳定的。

稳定控制系统的单位阶跃响应有衰减振荡和单调变化两种，以上是针对系统阶跃响应曲线在衰减振荡情况下定义的性能指标。若系统单位阶跃响应曲线单调变化，则无峰值时间 t_p 和最大超调量 σ_p，调整时间 t_s 定义不变，上升时间 t_r 定义为响应曲线达到稳态值 90% 时的时间，即 $y(t_r) = y(\infty) \times 90\%$。

2) 稳态性能指标（稳态误差 e_{ss}）

稳态误差是描述系统稳态性能的一种性能指标，是通常在阶跃函数、斜坡函数或加速度函数的作用下进行测定或计算的。若时间趋于无穷大，系统的输出量不等于输入量或输入量的确定函数，则系统存在稳态误差。稳态误差是系统控制精度或抗扰动能力的一种度量。

如果一个线性控制系统是稳定的，那么从任何初始条件开始，经过一段时间就可以认为它的过渡过程已经结束，进入与初始条件无关而仅由外作用决定的状态，即稳态。控制

系统在稳态下的精度如何，这是它的一个重要的技术指标，通常用稳态下输出量的要求值与实际值之间的差来衡量。如果这个差是常数，则称为稳态误差。

输出响应的稳态值与希望的给定值之间的偏差是衡量系统准确性的重要指标。

2. 二阶系统的数学模型和动态性能指标计算

1）二阶系统的闭环传递函数

二阶系统的典型结构如图 4-7 所示。闭环传递函数为

$$G(s) = \frac{Y(s)}{R(s)} = \frac{K}{Ts^2 + s + K} \tag{4-6}$$

式中：T 为受控对象的时间常数，K 为受控对象的增益，(4-6)式可改写成标准形式：

$$G(s) = \frac{\omega_n^2}{s^2 + 2\xi\omega_n s + \omega_n^2} \tag{4-7}$$

式中：ω_n 为无阻尼自然振荡频率，$\omega_n = \sqrt{\dfrac{K}{T}}$；$\xi$ 为阻尼比，$\xi = \dfrac{1}{2\sqrt{TK}}$。

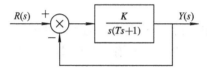

图 4-7 二阶系统的结构图

2）二阶系统动态性能指标的计算（$0 < \xi < 1$ 的欠阻尼情况）

（1）上升时间：

$$t_r = \frac{\pi - \theta}{\omega_d}$$

式中：$\theta = \arctan\dfrac{\sqrt{1-\xi^2}}{\xi}$，$\omega_d = \omega_n\sqrt{1-\xi^2}$。

（2）峰值时间：

$$t_p = \frac{\pi}{\omega_d} = \frac{\pi}{\omega_n\sqrt{1-\xi^2}}$$

（3）超调量：

$$\sigma_p = e^{-\pi\xi/\sqrt{1-\xi^2}} \times 100\%$$

（4）调整时间：

$$t_s = \begin{cases} \dfrac{3}{\xi\omega_n} & (\Delta = \pm 5\%) \\[2mm] \dfrac{4}{\xi\omega_n} & (\Delta = \pm 2\%) \end{cases}$$

（5）其他性能指标（衰减指数 m 和衰减率 ψ）：

① 衰减指数：

$$m = \frac{\xi}{\sqrt{1-\xi^2}} = \frac{\xi\omega_n}{\omega_d}$$

② 衰减率：

$$\psi = e^{-2\pi\xi/\sqrt{1-\xi^2}} = e^{-2\pi m}$$

3. 高阶系统的动态响应和简化分析

高阶系统的动态响应，在工程中常采用主导极点的概念进行简化分析。

对于高阶复杂系统，通常采取将高阶系统分解成一阶和二阶环节的方法，即用部分分式展开法（PFE，Partial Fraction Expansion）将高阶系统分解。

设高阶系统闭环传递函数的一般形式为

$$\frac{Y(s)}{R(s)} = \frac{b_0 s^m + b_1 s^{m-1} + \cdots + b_{m-1} s + b_m}{s^n + a_1 s^{n-1} + \cdots + a_{n-1} s + a_n} \tag{4-8}$$

将上式的分子与分母进行因式分解，可得

$$\frac{Y(s)}{R(s)} = \frac{K(s+z_1)(s+z_2)\cdots(s+z_m)}{(s+p_1)(s+p_2)\cdots(s+p_n)} = \frac{M(s)}{D(s)}, \ n \geqslant m \tag{4-9}$$

由于 $Y(s)/R(s)$ 的分子与分母多项式均为实数多项式，故 z_i 和 p_i 只可能是实数或共轭复数。

设系统的输入信号为单位阶跃函数，即 $R(s) = \dfrac{1}{s}$，

$$Y(s) = \frac{K \prod\limits_{i=1}^{m} (s+z_i)}{s \prod\limits_{j=1}^{q} (s+p_j) \prod\limits_{k=1}^{r} (s^2 + 2\xi_k \omega_k s + \omega_{nk}^2)} \tag{4-10}$$

式中，$N = q + 2r$，q 为实极点的个数，r 为复数极点的对数。

将式（4-10）用部分分式展开，得

$$Y(s) = \frac{A_0}{s} + \sum_{j=1}^{q} \frac{A_j}{s+p_j} + \sum_{k=1}^{r} \frac{B_k(s + \xi_k \omega_{nk}) + C_k \omega_{nk} \sqrt{1-\xi_k^2}}{s^2 + 2\xi_k \omega_{nk} s} \tag{4-11}$$

对上式求反变换得

$$y(t) = A_0 + \sum_{j=1}^{q} A_j e^{-p_j t} + \sum_{k=1}^{r} B_k e^{-\xi_k \omega_{nk} t} \sin \omega_{nk} \sqrt{1-\xi_k^2} t$$

$$+ \sum_{k=1}^{r} C_k e^{-\xi_k \omega_{nk} t} \cos \omega_{nk} \sqrt{1-\xi_k^2} t, \qquad t \geqslant 0 \tag{4-12}$$

由（4-12）式可知：

（1）高阶系统时域响应的瞬态分量是由一阶系统（惯性环节）和二阶系统（振荡环节）的响应函数组成的。其中输入信号（控制信号）极点所对应的拉普拉斯反变换为系统响应的稳态分量，传递函数极点所对应的拉普拉斯反变换为系统响应的瞬态分量。

（2）系统瞬态分量的形式由闭环极点的性质所决定，而系统调整时间的长短与闭环极点负实部绝对值的大小有关。如果闭环极点远离虚轴，则相应的瞬态分量就衰减得快，系统的调整时间也就较短。而闭环零点只影响系统瞬态分量幅值的大小和符号。

（3）如果所有闭环的极点均具有负实部，则由（4-12）式可知，随着时间的推移，式中所有的瞬态分量（指数项和阻尼正弦（余弦）项）将不断地衰减趋于零，最后该式的右边只剩 t。由输入信号极点所确定的稳态分量 A_0 项，表示过渡结束后，系统的输出量（被控制量）仅与输入量（控制量）有关。闭环极点均位于 s 左半平面的系统，称为稳定系统。

（4）如果闭环传递函数中有一极点 $-p_k$ 距坐标原点很远，即有

$$|-p_k| = |-p_i|, \quad |-p_k| = |-z_j| \tag{4-13}$$

其中 p_k、p_j 和 z_j 均为正值($i=1, 2, \cdots, n$；$j=1, 2, \cdots, m$，$i \neq k$)，则当 $n>m$ 时，极点 $-p_k$ 所对应的瞬态分量不仅持续时间很短，而且其相应的幅值亦较小，因而由它产生的瞬态分量可略去不计。如果闭环传递函数中某一个极点 $-p_k$ 与某一个零点 $-z_r$ 十分接近，即有

$$|-p_k+z_r|=|-p_i+z_j|, \quad i=1, 2, \cdots, n; \quad j=1, 2, \cdots, m; \quad i \neq k; \quad j \neq r$$

$$(4-14)$$

则极点 $-p_k$ 对应瞬态分量的幅值很小，因而它在系统响应中所占百分比很小，可忽略不计。

(5) 主导极点。如果系统中有一个(极点或一对)复数极点距虚轴最近，且附近没有闭环零点，其他闭环极点与虚轴的距离都比该极点与虚轴距离大 5 倍以上，则此系统的响应可近似地视为由这个(或这对)极点所产生。这是因为这种极点所决定的瞬态分量不仅持续时间最长，而且其初始幅值也大，充分体现了它在系统响应中的主导作用，故称其为系统的主导极点。高阶系统的主导极点通常为一对复数极点。在设计高阶系统时，人们常利用主导极点这个概念选择系统的参数，使系统具有预期的一对主导极点，从而把一个高阶系统近似地用一对主导极点的二阶系统去表征。

4. 非线性系统时域响应

对于非线性系统，不仅只有在满足一定条件下才有解析解，而且通常求时域响应解的过程非常复杂。所以，研究非线性系统一般不需求得其时域响应的精确解，而是把注意力集中在分析非线性系统时域响应的性质上。

出于非线性系统的特殊性和复杂性，在工程上，往往根据非线性情况的不同采用不同的时域分析方法，如小偏差线性化方法、相平面法、描述函数法等。

1) 滞后系统的时域响应分析

在实际控制系统中，对象模型中经常会存在纯滞后环节，包含纯滞后环节的系统称为滞后系统。设滞后系统的框图如图 4-8 所示，该系统的闭环传递函数为

$$\Phi(s) = \frac{Y(s)}{R(s)} = \frac{G_c(s)G_0(s)e^{-\tau s}}{1+G_c(s)G_0(s)H(s)e^{-\tau s}} \qquad (4-15)$$

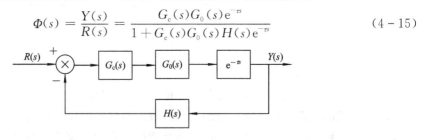

图 4-8 滞后系统框图

对于上述滞后系统，分析它的时域响应，在控制工程中，常常利用近似技术将时间延迟环节近似为线性环节来处理，通常将时间延迟环节表示成有理传递函数的形式。

2) 滞后系统的近似时域分析

在 MATLAB 的控制系统工具箱中，相应地给出了一个 pade() 函数，该函数可以求取时间延迟环节的近似传递函数模型。典型 n 阶 pade 近似传递函数模型为

$$p_{n,t}(s) = \frac{1-\dfrac{\tau s}{2}+p_1(\tau s)^2-p_2(\tau s)^3+\cdots+(-1)^n p_{n-1}(\tau s)^n}{1+\dfrac{\tau s}{2}+p_1(\tau s)^2+p_2(\tau s)^3+\cdots+p_{n-1}(\tau s)^n} \qquad (4-16)$$

MATLAB 中，pade( )函数的调用格式为

[np,dp]＝pade(Tau,n)

其中，Tau 为延迟时间；n 为 pade 近似的阶次。pade 近似后得到的有理传递函数模型的分子、分母系数分别在 np、dp 变量中返回(系数按 s 降幂排列)。

将图 4 - 8 所示的滞后系统中的时间延迟环节用 pade 近似来取代，可得系统的近似闭环传递函数为：

$$\Phi(s) \approx \frac{G_c(s)G_0(s)p_{n,\tau}(s)}{1 + G_c(s)G_0(s)H(s)p_{n,\tau}(s)} \tag{4-17}$$

这是一个代数方程，从而可以直接使用 step( )和 impulse( )函数对闭环延迟系统进行近似分析。

4.2.2　常用时域分析函数

时间响应探究系统对输入和扰动在时域内的瞬态行为，其系统特征如上升时间、调节时间、超调量和稳态误差等都能从时间响应上反映出来。MATLAB 除了提供前面介绍的对系统阶跃响应、冲激响应等进行仿真的函数外，还提供了大量对控制系统进行时域分析的函数，如表 4.1 所示。

表 4.1　常用时域分析函数

函　数	说　　明
convar	连续系统对白噪声的方差响应
impulse	连续系统的脉冲响应
dimpulse	离散系统的脉冲响应
initial	连续系统的零输入响应
dinitial	离散系统的零输入响应
lsim	连续系统对任意输入的响应
dlsim	离散系统对任意输入的响应
step	连续系统的阶跃响应
dstep	离散系统的阶跃响应
filter	数字滤波器

对于离散系统只需在连续系统对应函数前加 d 就可以，如 dstep、dimpulse 等。它们的调用格式与 step、impulse 类似，可以通过 help 命令来察看。

对于控制系统而言，系统的数学模型实际上是某种微分方程或差分方程，因而在仿真过程中需要以某种数值算法从给定的初始值出发，逐步计算出每一个时刻系统的响应，即系统的时间响应，最后绘制出系统的响应曲线，由此来分析系统的性能。

部分函数的用法举例如下：

1. initial( )——求连续系统的零输入响应

[y，x，t]＝initial(A，B，C，D，x0)

[y，x，t]＝initial(A，B，C，D，x0，t)

initial()函数可以计算出连续时间线性系统由于初始状态所引起的响应(即零输入响应)。当该函数不带输出变量时，加 initial()函数会在屏幕上绘制出系统的零输入响应曲线。

[y，x，t]＝initial(A，B，C，D，x0)可绘制连续时间线性时不变系统每一个响应曲线，x0 为初始状态，时间矢量由 MATLAB 自动选取。

[y，x，t]＝initial(A，B，C，D，x0，t)可得到指定时间矢量 t。

当带输出变量引用函数时，可得到系统零输入响应的输出数据，而不直接绘制出零输入响应曲线。

【例 4.10】 某三阶系统如下所示：

$$\begin{bmatrix} \dot{x}_1 \\ \dot{x}_2 \\ \dot{x}_3 \end{bmatrix} = \begin{bmatrix} 1 & -1 & 0.5 \\ 2 & -2 & 0.3 \\ 1 & -4 & -0.1 \end{bmatrix} \begin{bmatrix} x_1 \\ x_2 \\ x_3 \end{bmatrix} + \begin{bmatrix} 0 \\ 0 \\ 1 \end{bmatrix} \boldsymbol{u}$$

$$\boldsymbol{y} = \begin{bmatrix} 0 & 0 & 1 \end{bmatrix} \begin{bmatrix} x_1 \\ x_2 \\ x_3 \end{bmatrix}$$

当初始状态 x0＝[1 0 0]时，求该系统的零输入响应。

执行下面的 M 文件：

A＝[1 −1 0.5;2 −2 0.3;1 −4 −0.1];

B＝[0 0 1]′;

C＝[0 0 1];

D＝0;

x0＝[1 0 0]′;

t＝0;0.1;20;

initial(A，B，C，D，x0，t);

title('The Initial Condition Response');

运行后得到的响应曲线如图 4-9 所示。

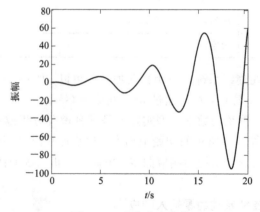

图 4-9 系统响应曲线

2. dinitial( )——求离散系统的零输入响应

[y，x]＝dinitial(A，B，C，D，x0)

[y，x]＝dinitial(A，B，C，D，x0，t)

dinitial( )函数可以计算出离散时间线性系统由于初始状态所引起的响应(即零输入响应)。当不带输出变量引用该函数时，该函数可以直接在屏幕上绘制出系统的零输入响应曲线。

[y，x]＝dinitial(A，B，C，D，x0)可绘制离散时间线性时不变系统每一个输出的零输入响应曲线，x0 为初始状态，时间矢量由 MATLAB 自动选取。

[y，x]＝dinitial(A，B，C，D，x0，t)可直接指定时间矢量 t。

当带输出变量引用该函数时，可得到系统零输入响应的输出数据，而不直接绘制出零输入响应曲线。

【例 4.11】　离散二阶系统如下所示：

$$\begin{bmatrix} x_1(n+1) \\ x_2(n+1) \end{bmatrix} = \begin{bmatrix} -0.6 & -0.3162 \\ 0.3162 & 0 \end{bmatrix} \begin{bmatrix} x_1(n) \\ x_2(n) \end{bmatrix} + \begin{bmatrix} 1 \\ 0 \end{bmatrix} u$$

$$\boldsymbol{y} = \begin{bmatrix} 2.4 & 6.0083 \end{bmatrix} \begin{bmatrix} x_1(n) \\ x_2(n) \end{bmatrix} + \boldsymbol{u}$$

当系统的初始状态为 $\boldsymbol{x}_0 = \begin{bmatrix} 1 & 0 \end{bmatrix}^\mathrm{T}$ 时，求系统的零输入响应。

执行下面的 M 文件：

A＝[−0.6 −0.3162;0.3162 0];

B＝[1 0]′;

C＝[2.4 6.0083];

D＝1;

x0＝[1 0]′;

dinitial(A，B，C，D，x0);

运行后得到该离散系统的零输入响应如图 4−10 所示。

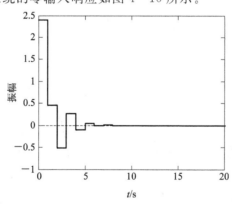

图 4−10　离散系统的零输入响应

3. lsim( )——对任意输入的连续系统进行仿真

[y，x]＝lsim(A，B，C，D，u，t)

[y，x]＝lsim(A，B，C，D，u，t，x0)

[y，x]＝lsim(num，den，u，t)

lsim()函数可以对任意输入的连续系统进行仿真，在不带输出变量引用该函数时，lsim()函数可以在屏幕上绘制出系统输出响应曲线。

对于给定的线性时不变系统如下：

$$\dot{x} = Ax + Bu$$
$$y = Cx + Du$$

[y，x]＝lsim(A，B，C，D，u，t)函数可以针对输入u绘制出系统的输出曲线，其中u给出了每个输入的时间序列，因此在一般情况下u应为矩阵；t用于指定仿真的时间轴，它应为等间隔的。

[y，x]＝lsim(A，B，C，D，u，t，x0)还可以指定初始状态x0。

[y，x]＝lsim(num，den，u，t)以传递函数形式指定仿真系统。

当带输出变量引用该函数时，可得到系统零输入响应的输出数据，而不直接绘制出零输入响应曲线。

【例 4.12】 已知某系统如下所示：

$$H(s) = \frac{s^3 + 6.8s^2 + 13.85s + 8.05}{s^5 + 11.2s^4 + 46.4s^3 + 88.4s^2 + 77.4s + 25.2}$$

求周期为 6 s 的方波输出响应。

执行下面的 M 文件：

num＝[1.0000 6.8000 13.8500 8.0500]；

den＝[1.0000 11.2000 46.4000 88.4000 77.4000 25.2000]；

t＝0:0.1:15；

％构造周期为 6 的方波

period＝6；

u＝(rem(t,period)>＝period./2)；

lsim(num,den,u,t)；

运行后得到如图 4－11 所示的输出响应曲线。

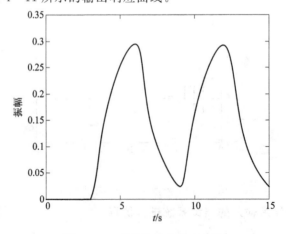

图 4－11 系统的输出响应曲线

4. dlsim( )——对任意输入的离散系统进行仿真

[y, x]=dlsim(A, B, C, D, u)

[y, x]=dlsim(A, B, C, D, u, x0)

[y, x]=dlsim(num, den, u)

dlsim( )函数可以对任意输入的离散系统进行仿真，在不带输出变量引用该函数时，dlsim( )函数可以在屏幕上绘制出系统输出响应曲线。

[y, x]=dlsim(A, B, C, D, u, t)函数可以针对输入 u 绘制出系统的输出曲线，其中 u 给出了每个输入的取样值。

[y, x]=dlsim(A, B, C, D, u, t, x0)还可以指定初始状态 x0。

[y, x]=dlsim(num, den, u, t)以传递函数形式指定仿真系统。

【例 4.13】　某二阶系统为

$$H(z) = \frac{2z^2 - 3.4z + 1.5}{z^2 - 1.6z + 0.8}$$

执行下面的语句：

num=[2 −3.4 1.5];

den=[1 −1.6 0.8];

u=rand(50,1);

dlsim(num,den,u)

运行后得到系统的响应如图 4-12 所示。

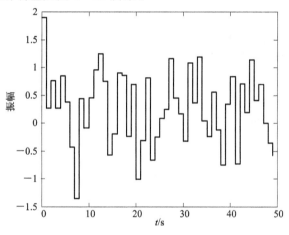

图 4-12　系统的响应

5. step( )——对任意输入的离散系统进行仿真

y=step(num,den,t)

其中 num 和 den 分别为系统传递函数描述中的分子和分母多项式系数，t 为选定的仿真时间向量，一般可以由 t=0:step:end 等步长地产生。该函数返回值 y 为系统在仿真时刻各个输出所组成的矩阵。

[y,x,t]=step(num,den)

此时时间向量 t 由系统模型的特性自动生成，状态变量 x 返回为空矩阵。

[y,x,t]=step(A,B,C,D,iu)

其中 A、B、C、D 为系统的状态空间描述矩阵,iu 用来指明输入变量的序号。x 为系统返回的状态轨迹。

如果对具体的响应值不感兴趣,而只想绘制系统的阶跃响应曲线,可调用以下的格式:

step(num,den); step(num,den,t); step(A,B,C,D,iu,t); step(A,B,C,D,iu)

线性系统的稳态值可以通过函数 dcgain()来求取,其调用格式为

dc＝dcgain(num,den)

或 dc＝dcgain(a,b,c,d)

【例 4.14】 已知系统的开环传递函数为

$$G_0(s) = \frac{20}{s^4 + 8s^3 + 36s^2 + 40s}$$

求系统在单位负反馈下的阶跃响应曲线。

执行下面的 M 文件:

```
clc
clear
close all
%开环传递函数描述
num＝[20];
den＝[1 8 36 40 0];
%求闭环传递函数
[numc,denc]＝cloop(num,den);
%绘制闭环系统的阶跃响应曲线
t＝0:0.1:10;
y＝step(numc,denc,t);
[y1,x,t1]＝step(numc,denc);
%对于传递函数调用,状态变量 x 返回为空矩阵
plot(t,y,'r:',t1,y1)
title('the step responce')
xlabel('time－sec')
%求稳态值
disp('系统稳态值 dc 为:')
dc＝dcgain(numc,denc)
clc
clear
close all
a＝[-21,19,-20;19 -21 20;40 -40 -40];
b＝[0;1;2];
c＝[1 0 2];
d＝0;
```

%绘制闭环系统的阶跃响应曲线

%g=ss(a,b,c,d);

%[y,t,x]=step(g);

[y,x,t]=step(a,b,c,d);

figure(1)

plot(t,y)

title('the step responce')

xlabel('time−sec')

figure(2)

%绘制状态变量的轨迹

plot(t,x)

系统稳态值为：

dc =

　　1

运行后得到如图 4 − 13 所示曲线。

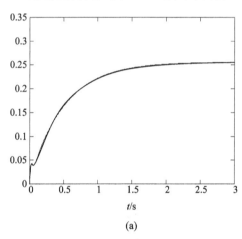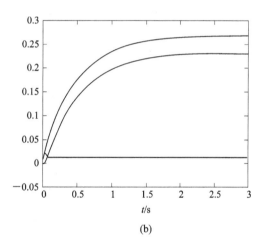

(a)　　　　　　　　　　　　　　　(b)

图 4 − 13　系统的响应

（a）闭环系统的阶跃响应曲线；（b）状态变量的轨迹

6. impulse 函数——对任意输入的离散系统进行仿真

impulse 函数的格式：除了函数名用 impulse 代替 step 外，其格式与 step 函数相似。输出的结果是脉冲响应曲线和数据。例如，可用 impulse(G)、impulse(G，tend)等。

impulse()函数的用法与 step()函数的用法基本一致。

y=impulse(num,den,t);

[y,x,t]=impulse(num,den);

[y,x,t]=impulse(A,B,C,D,iu,t)

impulse(num,den)；impulse(num,den,t)

impulse(A,B,C,D,iu)；impulse(A,B,C,D,iu,t)

【例 4.15】 已知系统的开环传递函数为

$$G_0(s) = \frac{20}{s^4 + 8s^3 + 36s^2 + 40s}$$

求系统在单位负反馈下的脉冲激励响应曲线。

执行下面的 M 文件：

```
clc
clear
close
%开环传递函数描述
numo=20;
deno=[1 8 36 40 0];
%求闭环传递函数
[numc,denc]=cloop(numo,deno,−1);
%绘制闭环系统的脉冲激励响应曲线
t=1:0.1:10;
[y,x]=impulse(numc,denc,t);
plot(t,y)
title('the impulse responce')
xlabel('time−sec')
```

程序的运行结果如图 4−14 所示曲线。

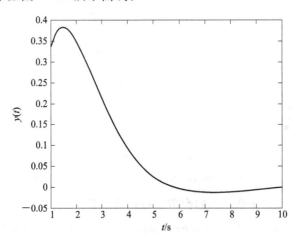

图 4−14 闭环系统的脉冲激励响应曲线

【例 4.16】 已知某典型二阶系统的传递函数为

$$G_0(s) = \frac{\omega_n^2}{s^2 + 2\xi\omega_n^2 + \omega_n^2}, \ \xi = 0.6, \ \omega_n = 5$$

求系统的阶跃响应曲线。

执行下面的 M 文件：

```
clc
clear
```

```
close
%系统传递函数描述
wn＝5；
alfh＝0.6；
num＝wn^2；
den＝[1 2 * alfh * wn wn^2]；
%绘制闭环系统的阶跃响应曲线
t＝0：0.02：5；
y＝step(num,den,t)；
plot(t,y)
title('two orders linear system step responce')
xlabel('time－sec')
ylabel('y(t)')
grid on
```

二阶闭环系统的阶跃响应曲线如图 4－15 所示。

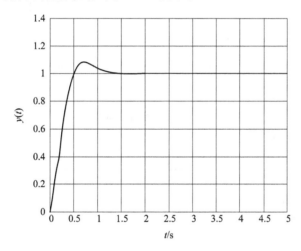

图 4－15　二阶闭环系统的阶跃响应曲线

【例 4.17】　已知某闭环系统的传递函数为

$$G_0(s) = \frac{10s + 25}{0.16s^3 + 1.96s^2 + 10s + 25}$$

求其阶跃响应曲线。

执行下面的 M 文件：

```
clc
clear
close
%系统传递函数描述
num＝[10 25]；
den＝[0.16 1.96 10 25]；
```

%绘制闭环系统的阶跃响应曲线

t＝0:0.02:5;

y＝step(num,den,t);

plot(t,y)

xlabel('time－sec')

ylabel('y(t)')

grid

运行后得到如图 4－16 所示曲线。

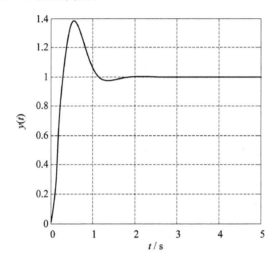

图 4－16　三阶闭环系统的阶跃响应曲线

【例 4.18】　系统传递函数为

$$G(s) = \frac{1}{(s^2 + 0.1s + 5)(s^3 + 2s^2 + 3s + 4)}$$

绘制系统的阶跃响应曲线。

执行下面的 M 文件：

clc

clear

close all

num＝1;

den＝conv([1 0.1 5],[1 2 3 4]);

%绘制系统的阶跃响应曲线

t＝0:0.1:40;

y＝step(num,den,t);

t1＝0:1:40;

y1＝step(num,den,t1);

plot(t,y,'r',t1,y1)

该高阶系统的阶跃响应曲线如图 4－17 所示。

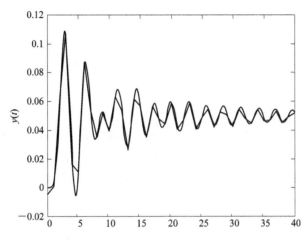

图 4 - 17　高阶系统的阶跃响应曲线

仿真时间 t 的选择：对于典型二阶系统根据其响应时间的估算公式 $t_s = \dfrac{3 \sim 4}{\xi \omega_n}$ 可以确定。对于高阶系统往往其响应时间很难估计，一般来说，先不指定仿真时间，由 MATLAB 自己确定，然后根据结果，确定合适的仿真时间。在指定仿真时间时，不同的步长会影响到输出曲线的光滑程度，一般不易取太大。

7. subs 函数——对任意输入的离散系统进行仿真

subs 函数的格式：

subs(s, new)

该函数用于符号表达式 s 中符号变量的替代，因此，可用于计算符号函数的值。例如，用 new 的值代替表达式中的符号，计算有关表达式的值。在本节应用中，s 是拉普拉斯反变换式，其中，约定的符号变量是 t，程序中用向量 tt＝0：.2：50 替代变量 t，从而得到输出响应数据。

除了上面介绍的获得系统输出响应的方法外，根据各响应之间的关系，还可以通过已知的阶跃响应获得脉冲响应或斜坡响应，或从脉冲响应获得阶跃响应等。设线性系统的脉冲响应是 $Y_{impulse}$，阶跃响应是 Y_{step}，斜坡响应是 Y_{ramp}，则有

$$Y_{impulse} = \frac{\mathrm{d}Y_{step}}{\mathrm{d}t}, \quad Y_{step} = \frac{\mathrm{d}Y_{ramp}}{\mathrm{d}t}$$

【例 4.19】 已知一阶惯性环节阶跃响应的数据，计算它的脉冲响应和斜坡响应。

程序如下：

```
figure('pos',[120,130,270,400],'color','w');
axes('pos',[0.12 0.65 0.8 0.2]);
t=0:99;
ystep=1-exp(-t/20);
plot(ystep);grid;
axes('pos',[0.12 0.40 0.8 0.2]);
yimp=diff(ystep);
plot(yimp);grid;
```

```
axes('pos',[0.12 0.15 0.8 0.2]);
yramp(1)=ystep(1);
for i=2:10
yramp(i)=yramp(i-1)+ystep(i)
end;
plot(yrampp);grid;
```

程序第 4 行和第 5 行计算并绘制一阶惯性环节的阶跃响应 ystep，时间常数是 20；第 6 行和第 7 行采用 diff 函数计算并绘制它的脉冲响应；第 9 行到第 13 行采用矩阵求积的方法，计算阶跃输出的积分，并得到斜坡响应曲线。运行结果见图 4-18。

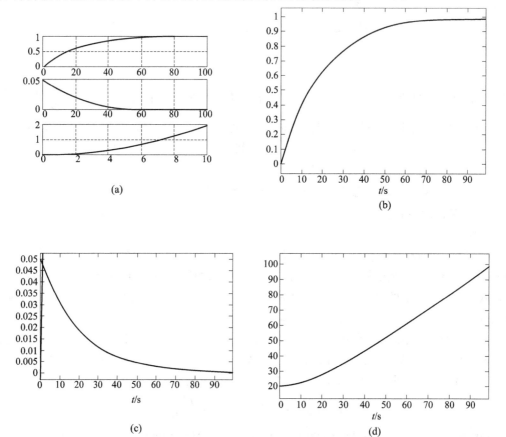

图 4-18　系统的仿真结果

(a) 总的响应曲线；(b) 阶跃响应曲线；(c) 脉冲响应曲线；(d) 斜坡响应曲线

也可用符号变量，即：

```
syms t;
ystep=1-exp(-t/20);
yimp=diff(ystep);
yramp=int(ystep);
ezplot(ystep,[0 99]);
hold on;
```

ezplot(yimp,[0 99]);

ezplot(yramp,[0 99])。

4.2.3　时域分析应用实例

【例 4.20】　某二输入二输出系统如下所示：

$$\begin{bmatrix} \dot{x}_1 \\ \dot{x}_2 \\ \dot{x}_3 \\ \dot{x}_4 \end{bmatrix} = \begin{bmatrix} -2.5 & -1.22 & 0 & 0 \\ 1.22 & 0 & 0 & 0 \\ 1 & -1.14 & -3.2 & -2.56 \\ 0 & 0 & 2.56 & 0 \end{bmatrix} \begin{bmatrix} x_1 \\ x_2 \\ x_3 \\ x_4 \end{bmatrix} + \begin{bmatrix} 4 & 1 \\ 2 & 0 \\ 2 & 0 \\ 0 & 0 \end{bmatrix} \begin{bmatrix} u_1 \\ u_2 \end{bmatrix}$$

$$\begin{bmatrix} y_1 \\ y_2 \end{bmatrix} = \begin{bmatrix} 0 & 1 & 0 & 3 \\ 0 & 0 & 0 & 1 \end{bmatrix} \begin{bmatrix} x_1 \\ x_2 \\ x_3 \\ x_4 \end{bmatrix} + \begin{bmatrix} 0 & -2 \\ -2 & 0 \end{bmatrix} \begin{bmatrix} u_1 \\ u_2 \end{bmatrix}$$

求系统的单位阶跃响应和冲激响应。

MATLAB 的 step() 和 impulse() 函数本身可以处理多输入多输出的情况，因此编写 MATLAB 程序并不因为系统输入输出的增加而变得复杂。

执行下面的 M 文件：

```
clc
clear
close
%系统状态空间描述
a=[-2.5 -1.22 0 0;1.22 0 0 0;1 -1.14 -3.2 -2.56;0 0 2.56 0];
b=[4 1;2 0;2 0;0 0];
c=[0 1 0 3;0 0 0 1];
d=[0 -2;-2 0];
%绘制闭环系统的阶跃响应曲线
figure(1)
step(a,b,c,d)
title('step response')
xlabel('time-sec')
ylabel('amplitude')
%绘制闭环系统的脉冲响应曲线
figure(2)
impulse(a,b,c,d)
title('impulse response')
xlabel('time-sec')
ylabel('amplitude')
```

运行后得到如图 4-19 所示曲线。

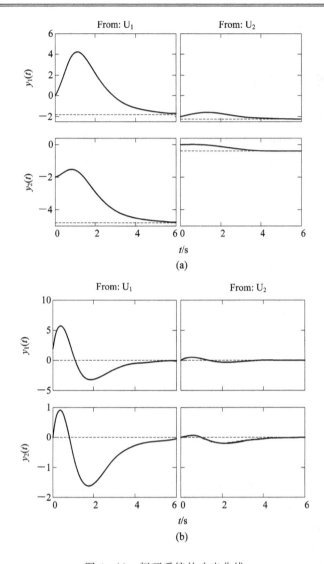

图 4 - 19 闭环系统的响应曲线

（a）闭环系统的阶跃响应曲线；（b）闭环系统的脉冲响应曲线

【例 4. 21】 某系统框图如图 4 - 20 所示，求 d 和 e 的值，使系统的阶跃响应满足：（1）超调量不大于 40%，（2）峰值时间为 0.8 s。

由图可得闭环传递函数为

$$G_c(s) = \frac{d}{s^2 + (d \cdot e + 1)s + d}$$

其为典型二阶系统。由典型二阶系统特征参数计算公式

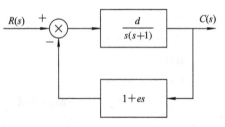

图 4 - 20 系统组成图

$$\sigma = e^{-\xi\pi/\sqrt{1-\xi^2}} \times 100, \ t_p = \frac{\pi}{\omega_n \cdot \sqrt{1-\xi^2}}$$

得

$$\xi = \frac{\ln\dfrac{100}{\sigma}}{\left[\pi^2 + \left(\ln\dfrac{100}{\sigma}\right)^2\right]^{\frac{1}{2}}}, \quad \omega_n = \frac{\pi}{t_p \cdot \sqrt{1-\xi^2}}$$

执行下面的 M 文件：

```
clear
clc
close all
%输入期望的超调量及峰值时间
pos＝input('please input expect pos(%)＝');
tp＝input('please input expect tp＝');
z＝log(100/pos)/sqrt(pi^2＋(log(100/pos))^2);
wn＝pi/(tp * sqrt(1－z^2));
num＝wn^2;
den＝[1 2 * z * wn wn^2];
t＝0:0.02:4;
y＝step(num,den,t);
plot(t,y)
xlabel('time－sec')
ylabel('y(t)')
grid
d＝wn^2
e＝(2 * z * wn－1)/d
```

程序的运行结果：

```
please input expect pos(%)＝40
please input expect tp＝0.8
d ＝
    16.7331
e ＝
    0.0771
```

运行后得到如图 4－21 所示曲线。

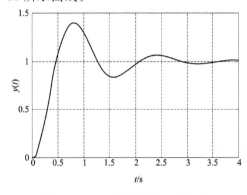

图 4－21　系统的阶跃响应曲线

【例 4.22】 根据输入的典型二阶系统参数阻尼比 alph 及自然振荡频率 ω_n，求取系统的单位阶跃响应参数：超调量 σ_s(100%)、峰值时间 t_p、上升时间 t_r、调节时间 t_{s2}(±2%)。

执行下面的 M 文件：

```
clear
clc
close all
%输入典型二阶系统参数，确定系统传递函数模型
alph=input('please input alph=');
wn=input('please input wn=');
num=wn^2;
den=[1 2*alph*wn wn^2];
%判断系统是否稳定
[z,p,k]=tf2zp(num,den);
ii=find(real(z)>0);
n1=length(ii);
jj=find(real(p)>0);
n2=length(jj);
if(n2>0)
    disp('the system is unstable')
    disp('it is no use for getting 动态参数')
    else
    %调用求取二阶系统阶跃响应动态参数的函数文件
    [y,x,t]=step(num,den);
    plot(t,y)
    [pos,tp,tr,ts2]=stepchar(y,t)
end
```

【例 4.23】 已知系统函数为

$$G(s) = \frac{3}{(s+1+3j)(s+1-3j)}$$

计算系统瞬态性能指标(稳态误差允许±2%)。

执行下面的 M 文件：

```
clc
clear
% 系统模型建立
num=3;
den=conv([1 1+3j],[1 1-3j]);
% 求系统的单位阶跃响应
[y,x,t]=step(num,den);
% 求响应的稳态值
```

```
finalvalue=dcgain(num,den)
% 求响应的峰值及对应的下标
[yss,n]=max(y);
% 计算超调量及峰值时间
percentovershoot=100 * (yss−finalvalue)/finalvalue
timetopeak=t(n)
% 计算上升时间
n=1;
while y(n)<0.1 * finalvalue
  n=n+1;
end
  m=1;
while y(m)<0.9 * finalvalue
  m=m+1;
end
risetime=t(m)−t(n)
% 计算调整时间
k=length(t);
while (y(k)>0.98 * finalvalue)&(y(k)<1.02 * finalvalue)
k=k−1;
end
settlingtime=t(k)
```

【例 4.24】　已知系统框图如图 4 - 22 所示，其中 $G(s) = \dfrac{7(s+1)}{s(s+3)(s^2+4s+5)}$。

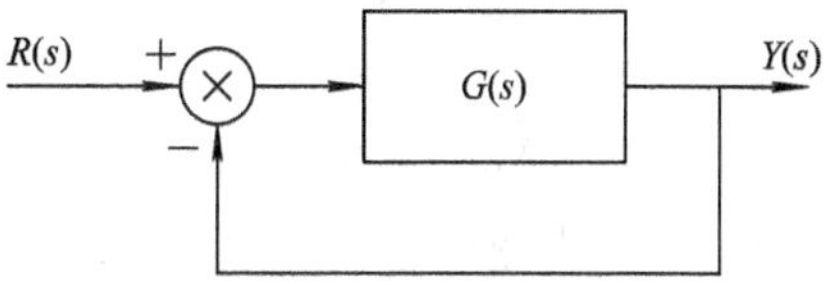

输入以下 MATLAB 命令：

```
num=[7 7];
den=[conv(conv([1 0],[1 3]),[1 4 5])];
g=tf(num,den);
gg=feedback(g, 1, −1);
[y, t, x]=step(gg)
plot(t, y)
```

图 4 - 22　系统的结构图

运行结果为系统的单位阶跃响应曲线，如图 4 - 23 所示。

输入以下 MATLAB 语句可求此系统在阶跃函数作用下的给定稳态误差终值 e_{ss}：

```
ggg=tf(g.den{1}, g.den{1}+g.num{1});
% g.num{1}, g.den{1}分别表示 g 对象的分子分母部分
num1=[1 0];
den1=1;
g1=tf(num1, den1);
```

```
gggg=ggg*g1;            %求 1/[G(s)+1]*s
num2=1;
den2=[1 0];
u=tf(num2,den2);        %确定输入的拉普拉斯变换
dcg=dcgain(gggg*u)
```

运行结果为

```
dcg=
     0
```

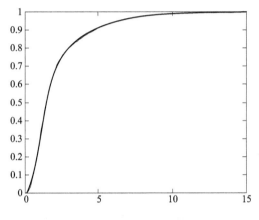

图 4-23 系统的单位阶跃响应曲线

由上述结果知系统在单位阶跃函数作用下的给定稳态误差终值 e_{ss} 为零,所以此系统单位阶跃响应的稳态值为 1,即 $y(\infty)=1$。由图 4-23 可看出,系统的单位阶跃响应曲线单调变化。所以此时暂态性能指标只有上升时间 t_r 和调整时间 t_s,无最大超调量 σ_p 和峰值时间 t_p。

输入以下 MATLAB 语句可求系统阶跃响应的上升时间 t_s 和调整时间 t_n:

```
n=length(y);            %确定输出向量 y 的长度
for i=1:n,
if abs(y(i)-0.9)<0.0001
t1=t(i)
else i=i+1;
end
end
t2=[ ];
for i=1:n,
    if abs(y(i)-1)<=0
    t2=[t2 t(i)];
    end
    i=i+1;
    end
```

    t3＝t2(1)

运行结果为

t1＝ 4.7550

t3＝8.3450

  由上述知，此系统阶跃响应的上升时间为 4.755 s，调整时间为 8.3450 s(误差带为 $\pm2\%$)。

  说明：在 MATLAB 中，函数 dcgain()可求系统稳态误差的终值。该函数的调用格式为

dcg＝dcgain(G)

其中，若 $G = s\dfrac{1}{1+G(s)}U(s)$，则结果 dcg 为求得的系统给定稳态误差终值；若 $G = s\dfrac{G_0(s)}{1+G(s)}N(s)$，则结果 dcg 为求得的系统扰动稳态误差终值。在 MATLAB 中，函数 conv()可实现两个因式的乘积。函数 feedback()可求取反馈控制系统的闭环传递函数，该函数的调用格式为 $G=\text{feedback}(G_1, G_2, \text{sign})$。其中，变量 sign 即表示正、负反馈结构，sign＝1 表示正反馈，sign＝－1 表示负反馈；G_1、G_2 分别为前向通道传递函数和反馈通道传递函数。

  如果系统含有多个输入输出量，以状态空间表达式的形式给出，则系统的阶跃响应将产生一系列的阶跃响应曲线，每一条响应曲线与系统中的一个输入量和一个输出量的组合相对应。

  MATLAB 中，与多输入多输出系统阶跃响应相对应的命令格式为

step(A, B, C, D, iu)

或 step(A, B, C, D, iu, t)

其中，iu 为系统输入量的下标；t 为用户指定时间。

  【例 4.25】 已知一个系统的传递函数为

$$G(s) = \frac{Y(s)}{U(s)} = \frac{s^3 + 6s^2 + 10s + 24}{s^4 + 10s^3 + 35s^2 + 50s + 24}$$

当输入 $U(s) = \dfrac{1}{s}$ (即为单位阶跃函数)时，输出为

$$Y(s) = \frac{Y(s)}{U(s)}U(s) = \frac{s^3 + 6s^2 + 10s + 24}{(s^4 + 10s^3 + 35s^2 + 50s + 24)s}$$

输入以下 MATLAB 命令可以容易地得到输出 $Y(s)$ 部分分式的展开式：

num＝[1 6 10 24];

den＝[1 10 35 50 24];

[r,p,k]＝residue(num,den)

运行结果为

r＝

  0.6667

  －3.5000

$$5.0000$$
$$-3.1667$$
$$1.0000$$

p＝

$$-4.0000$$
$$-3.0000$$
$$-2.0000$$
$$-1.0000$$
$$0$$

k＝

[ ]

【例 4.26】 已知闭环系统的框图如图 4-8 所示，对象模型为

$$G(s) = G_0(s)\mathrm{e}^{-\tau s} = \frac{s^3 + 7s^2 + 24s + 24}{s^4 + 10s^3 + 35s^2 + 50s + 24}\mathrm{e}^{-0.5\tau}$$

$$G_c(s) = H(s) = 1$$

我们对系统中的时间延迟环节采用上述 pade 近似来取代，输入以下 MATLAB 语句求取系统的阶跃响应曲线。

执行下面的 M 文件：

```
den＝[1 10 35 50 24];
num＝[1 7 24 24];
g＝tf(num,den);
tau＝0.5;
y1＝[ ];
t＝0:0.1:10;
for i＝1:5
[np,dp]＝pade(tau,i);
g1＝tf(np,dp);
gg＝g*g1;
ggg＝feedback(gg,1,-1);
[y,t,x]＝step(ggg,t);
y＝y';                %求矩阵 y 的转置
y1＝[y1;y];
end
plot(t,y1)
text(0.25,-0.07,'n=1')
```

一阶、二阶、三阶、四阶、五阶 pade 近似后得到的阶跃响应曲线如图 4-24 所示。从图 4-24 中我们看出，纯滞后时间段有振荡，而这在实际系统中根本不可能出现。所以我们可得出这样一个结论：在初始时间段 pade 近似并不精确。

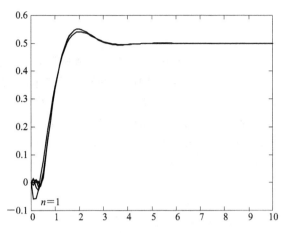

图 4 - 24　滞后系统的近似阶跃响应曲线

为了消除初始时间段的振荡，实际应用中，一般只对式(4 - 16)分母中的延迟项进行 pade 近似，可得近似的系统闭环传递函数为

$$\Phi(s) \approx \frac{G_c(s)G_0(s)\mathrm{e}^{-\tau s}}{1 + G_c(s)G_0(s)H(s)p_{n,\tau}(s)}$$

其等效的闭环系统框图如图 4 - 25 所示。

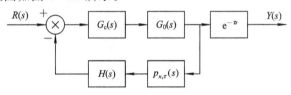

图 4 - 25　pade 近似的等效闭环系统框图

由于只对滞后系统分母中的延迟项取近似，因此上述近似将会得到更精确的结果。考虑上例，按照上述近似方法，我们输入以下 MATLAB 语句求取系统的单位阶跃响应。

执行下面的 M 文件：

```
den=[1 10 35 50 24];
num=[1 7 24 24];
g=tf(num,den);
tau=0.5;
y1=[ ];
t=0:0.1:8;
for i=1:5
[np,dp]=pade(tau,i);
g1=tf(np,dp);
gg=feedback(g,g1,-1);
set(gg,'Td',tau);
[y,t,x]=step(gg,t);
y=y';          %求矩阵 y 的转置
y1=[y1;y];
```

end

plot(t,y1)；

上述一阶、二阶、三阶、四阶、五阶 pade 近似后得到的阶跃响应曲线如图 4 - 26 所示。从图 4 - 26 中可看出，只对系统分母多项式中的时间延迟环节 pade 近似，可以有效地消除初始时间段的振荡，而且还可看出一阶、二阶、三阶、四阶、五阶 pade 近似得到的阶跃响应曲线几乎重合。所以对于此种近似方法，即使使用 1 阶 pade 近似，也可对原系统进行相当精确的近似。实际应用中，一般采用三阶 pade 近似。

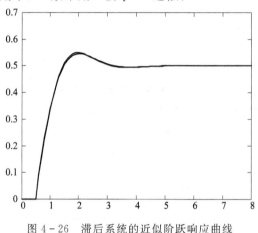

图 4 - 26　滞后系统的近似阶跃响应曲线

4.3　控制系统的频域分析

4.3.1　频域分析的基本概念

频域分析法是用频率特性研究线性系统的一种经典方法，传统的频域分析法是计算数据，绘制控制系统在频域中的三种图形：奈氏图、波特图、尼科尔斯图，并求出频域性能指标。这种方法会耗费大量的时间和精力，而且计算数据的精确度还不一定得到保证。借助于MATLAB 软件，运行它提供的频率分析函数，即能够方便、简单、快捷地对系统进行分析。

在图线分析法中，奈奎斯特图是利用控制系统的开环幅、相频率特性判断其闭环系统的稳定性。开环系统的幅、相频率特性较容易计算，并且可通过实验求得，因而奈氏判据使用方便，同时物理意义明确。这个判据确定了开环系统的频率特性与闭环系统动态响应之间的关系，它不仅能判断闭环系统的稳定性，而且可利用它找到改善闭环系统动态响应的方法。频率特性函数为静态下正弦输出信号的复数符号与正弦输入信号的复数符号之比。频率特性函数的一个重要优点就是可以用图像来表示。从频率特性图像上可以很方便地得到关于系统稳定性和动态特性的一些信息。因此，频域分析方法是研究控制系统的一个重要工具。

频率特性函数 $G(j\omega)$ 的值是复数，它的图像表示形式比实函数复杂。频率特性函数有多种图示方法，其中应用最广泛的是极坐标图（即奈奎斯特图）和对数频率特性图（即波特图）。

对一个稳定的线性系统输入正弦信号，由系统对全频率范围的正弦信号的响应，即可以对一个控制系统进行完全的描述。

1. 频域特性的概念

线性定常系统在正弦输入信号的作用下，其输出的稳态分量是与输入信号相同频率的正弦函数。输出稳态分量与输入正弦信号的复数比称为频率特性。用数学式表示为：

$$G(j\omega) = \frac{Y(j\omega)}{X(j\omega)} \tag{4-18}$$

系统的频率特性 $G(j\omega)$ 是系统传递函数 $G(s)$ 的特殊形式，它们之间的关系是：

$$G(j\omega) = G(s) \mid_{s=j\omega} \tag{4-19}$$

2. 频率特性的表示方法

（1）直角坐标式：

$$G(j\omega) = R(\omega) + jI(\omega)$$

式中：$R(\omega)$ 称之为实频特性；$I(\omega)$ 称之为虚频特性。

（2）极坐标式：

$$G(j\omega) = A(\omega)e^{j\varphi(\omega)}$$

式中：$A(\omega) = |G(j\omega)|$ 称之为幅频特性，$\varphi(\omega) = \angle G(j\omega)$ 称之为相频特性。

直角坐标和极坐标表示方法之间的关系是：

$$R(\omega) = A(\omega)\cos\varphi(\omega)$$
$$I(\omega) = A(\omega)\sin\varphi(\omega)$$
$$A(\omega) = \sqrt{R^2(\omega) + I^2(\omega)}$$
$$\varphi(\omega) = \arctan\frac{I(\omega)}{R(\omega)}$$

3. 幅相频率特性曲线（又称奈氏图或奈氏曲线）

以角频率 ω 为参变量，对某一频率 ω，有相应的幅频特性 $A(\omega)$ 和相频特性 $\varphi(\omega)$ 与之对应，当 ω 从 $0 \to \infty$ 变化时，频率特性构成的向量在复平面上描绘出的曲线称为幅相频率特性曲线。又称为奈氏图或奈氏曲线。

4. 对数频率特性（又称频率特性的对数坐标图或波特图）

对数频率特性图（波特图）有两张图，一张为对数幅频特性曲线图，另一张是对数相频特性曲线图。前者以频率 ω 为横坐标，并采用对数分度，将 $20\lg|G(j\omega)|$ 的函数值作为纵坐标，并以分贝（dB）为单位均匀分度。后者的横坐标也以频率 ω 为横坐标（也用对数分度），纵坐标则为相角 $\varphi(\omega)$，单位为度（°）均匀分度。两张图合起来称为波特图。

5. 奈奎斯特稳定性判据（又称奈氏判据）

对于开环稳定的系统，闭环系统稳定的充分必要条件是开环系统的奈氏曲线 $G(j\omega)H(j\omega)$ 不包围 $(-1, j0)$ 点。反之，则闭环系统是不稳定的。

对于开环不稳定的系统，有 p 个开环极点位于右半 s 平面，则闭环系统稳定的充分必要条件是，当 ω 从 $-\infty \to \infty$ 变化时，开环系统的奈氏曲线 $G(j\omega)H(j\omega)$ 逆时针包围 $(-1, j0)$ 点 p 次。

6. 稳定裕量（又称稳定裕度）

稳定裕量是衡量系统相对稳定性的指标，稳定裕量分为相位裕量和增益裕量（又称相角裕量和幅值裕量）两种。

1) 相位裕量 γ

当开环幅相频率特性曲线(奈氏曲线)的幅值为 1 时,其相位角 $\varphi(\omega_c)$ 与 $-180°$(即负实轴)的相角差 γ,称为相位裕量 γ。即

$$\gamma = \varphi(\omega_c) - (-180°) = 180° + \varphi(\omega_c)$$

式中,ω_c 为奈氏曲线与单位圆相交的频率,称为幅值穿越频率,又称为截止频率或剪切频率。

当 $\omega = \omega_c$ 时,有

$$| G(j\omega) H(j\omega) | = 1$$

当 $\gamma > 0$ 时,相位裕量为正,闭环系统稳定。当 $\gamma = 0$ 时,表示奈氏曲线恰好通过 $(-1, j0)$ 点,系统处于临界稳定状态。当 $\gamma < 0$ 时,相位裕量为负,闭环系统不稳定。

2) 增益裕量 K_g

增益裕量定义为奈氏曲线与负实轴相交处的幅值的倒数,即

$$K_g = \frac{1}{| G(j\omega_g) H(j\omega_g) |}$$

式中:ω_g 为奈氏曲线与负实轴相交处的频率,称为相位穿越频率(又称为相角交界频率)。

当 $\omega = \omega_g$ 时,有

$$\angle G(j\omega_g) H(j\omega_g) = -180°$$

当 $K_g > 1$ 时,闭环系统稳定。当 $K_g = 1$ 时,系统处于临界稳定状态。当 $K_g < 1$ 时,闭环系统不稳定。

7. 闭环频率特性性能指标

常用的闭环频率特性性能指标有:谐振峰值、谐振频率、带宽和带宽频率。

(1) 谐振峰值 M_r:是指系统闭环频率特性幅值的最大值。

(2) 系统带宽和带宽频率:当闭环幅频特性 $M(\omega)$ 下降到 $0.707M(0)$ 时的频率 ω_b 称为带宽频率。$M(0)$ 为闭环幅频特性 $M(\omega)$ 的初值。频率范围 $[0, \omega_b]$ 称为系统的带宽。

8. 频域指标与时域指标之间的关系

(1) 典型二阶系统频域与时域指标间的关系:

截止频率:$\qquad \omega_c = \omega_n \sqrt{\sqrt{1+4\xi^4} - 2\xi^2}$

相位裕量:$\qquad \gamma = \arctan \dfrac{2\xi}{\sqrt{\sqrt{1+4\xi^4} - 2\xi^2}}$

带宽频率:$\qquad \omega_b = \omega_n \sqrt{(1-2\xi^2) + \sqrt{2-4\xi^2+4\xi^4}}$

谐振频率:$\qquad \omega_r = \omega_n \sqrt{1-2\xi^2}, \quad (0 < \xi < 0.707)$

谐振峰值:$\qquad M_r = \dfrac{1}{2\xi\sqrt{1-2\xi^2}}, \quad (0 < \xi < 0.707)$

(2) 高阶系统频域与时域指标之间的近似关系:

谐振峰值:$\qquad M_r \approx \dfrac{1}{\sin\gamma}$

超调量:$\qquad \sigma_p = [0.16 + 0.4(M_r - 1)] \times 100\%, \quad (1 \leqslant M_r \leqslant 1.8)$

调整时间:$\qquad t_s = \dfrac{k\pi}{\omega_c}$

式中：

$$k=2+1.5(M_r-1)+2.5(M_r-1)^2,\quad(1\leqslant M_r\leqslant 1.8)$$

9. 截止频率 ω_c 的计算(解析法)

ω_c 的确定对于计算系统的相位裕量十分重要,可按以下步骤进行：

(1) 按分段描述方法,写出对数幅频特性曲线的渐近线方程表达式,即：

$$L(\omega)=\begin{cases}20\lg A_1(\omega) & \omega_0\leqslant\omega\leqslant\omega_1\\20\lg A_2(\omega) & \omega_1\leqslant\omega\leqslant\omega_2\\\vdots & \vdots\\20\lg A_{n-1}(\omega) & \omega_{n-2}\leqslant\omega\leqslant\omega_{n-1}\\20\lg A_n(\omega) & \omega\geqslant\omega_n\end{cases}$$

(2) 按顺序求 $A_i(\omega)=1$ 之解 ω^*,验证 $\omega_{i-1}\leqslant\omega^*\leqslant\omega_i$ 成立与否；若成立,则 $\omega_c=\omega^*$,停止计算(即已求出截止频率 ω_c)。若 $\omega_{i-1}\leqslant\omega^*\leqslant\omega_i$ 不成立,则令 $i=i+1$,重新解 $A_i(\omega)=1$。直至满足 $\omega_{i-1}\leqslant\omega^*\leqslant\omega_i$ 为止。

4.3.2 频域分析常用函数

研究系统的频率响应是经典控制领域的一个重要组成部分,其基本原理是,若一个线性系统受到频率为 ω 的正弦信号的激励时,它的输出仍然为正弦信号,但是其幅值与输入信号间存在 $M(\omega)$ 比例关系,而且输出与输入倍数之间有一个相位差 $\varphi(\omega)$,$M(\omega)$ 和 $\varphi(\omega)$ 是关于 ω 的有理函数,这样就可以通过 $M(\omega)$ 和 $\varphi(\omega)$ 来表示系统的特征了。

MATLAB 除了提供了前面所介绍的三个频域分析函数外,还提供了大量在工程实际中广泛应用的库函数,由这些函数可以求得系统的各种频率响应曲线,如尼科尔斯(Nichols)曲线等,这些函数如表 4.2 所示。

表 4.2 频率响应函数及说明

函数	说明
bode	连续系统的波特图
dbode	离散系统的波特图
fbode	连续系统快速波特图
freqs	模拟滤波特性
freqz	数字滤波特性
nichols	连续系统的尼科尔斯曲线
dnichols	离散系统的尼科尔斯曲线
nyquist	连续系统的奈奎斯特曲线
dnyquist	离散系统的奈奎斯特曲线
sigma	连续奇异值频率图
dsigma	离散奇异值频率图
margin	求增益裕度和相位裕度及对应的转折频率
ugrid	尼尔科斯方格图

1. nichols( )——求连续系统的尼科尔斯频率响应曲线

[mag,phase,w]＝nichols(A,B,C,D)

[mag,phase,w]＝nichols(A,B,C,D,iu)

[mag,phase,w]＝nichols(A,B,C,D,iu,w)

[mag,phase,w]＝nichols(num,den)

[mag,phase,w]＝nichols(num,den,w)

nichols( )函数可以计算连续时间线性时不变系统的尼科尔斯频率响应曲线,尼科尔斯曲线可用于分析开环和闭环系统的特性。当不带输出变量引用该函数时,该函数可以在屏幕上直接绘制出系统的尼科尔斯曲线。

nichols(A，B，C，D)可以得到一组尼科尔斯曲线,每条曲线对应于连续状态空间系统的一个输入和输出组合对,其频率范围自动选取,在响应快速变化的位置会自动选取更多的取样点。

nichols(A，B，C，D，iu)可以得到从第 iu 个输入到系统所有输出间的尼科尔斯曲线。

nichols(num，den)可以得到以连续多项式传递函数表示的系统的尼科尔斯曲线。

nichols(A，B，C，D，iu，w)和 nichols(num，den，w)可以利用指定的频率矢量 w 来绘制系统的尼科尔斯曲线。

当带输出变量引用函数时,可得到尼科尔斯曲线的数据,而不直接绘制出尼科尔斯曲线,其幅值和相位可由下式得到:

$$g(s) = C(sI - A)^{-1}B + D$$
$$mag(\omega) = | g(j\omega) |$$
$$phase(\omega) = \angle g(j\omega)$$

利用 ngrid( )函数可以在尼科尔斯曲线上绘出网格。

【例 4.27】   一个四阶系统为

$$H(s) = \frac{-s^4 + 20s^3 - 20^2 + 180s + 300}{s^4 + 20s^3 + 182s^2 + 425s + 50}$$

要求绘制其尼科尔斯曲线。

执行下面的语句:

num＝[−1 20 −20 180 300];

den＝ [1 20 182 425 50];

nichols(num,den);

ngrid

运行后即可获得如图 4－27 所示的尼科尔斯图。

2. dnichols( )——求离散系统的尼科尔斯频率响应曲线

[mag,phase,w]＝dnichols(A,B,C,D,Ts)

[mag,phase,w]＝dnichols(A,B,C,D,Ts,iu)

[mag,phase,w]＝dnichols(A,B,C,D,Ts,iu,w)

[mag,phase,w]＝dnichols(num,den,Ts)

[mag,phase,w]＝dnichols(num,den,Ts,w)

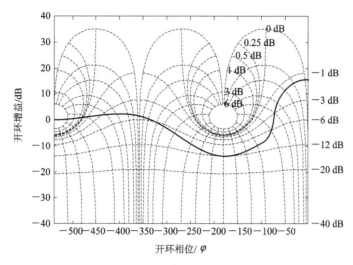

图 4-27   系统的尼科尔斯图

dnichols()函数可以计算离散时间线性时不变系统的尼科尔斯频率响应曲线，尼科尔斯曲线可用于分析开环和闭环系统的特性。当不带输出变量引用该函数时。该函数可以在屏幕上直接绘制出系统的尼科尔斯曲线。

dnichols(A，B，C，D)可以得到一组尼科尔斯曲线，每条曲线对应于连续状态空间系统的一个输入和输出组合对，其频率在 $0\sim\pi/\mathrm{Ts}$ 之间，在响应快速变化的位置会自动选取更多的取样点，Ts 是内部取样时间。

dnichols(A，B，C，D，iu)可以得到从第 iu 个输入到系统所有输出间的尼科尔斯曲线。

dnichols(num，den)可以得到以离散多项式传递函数表示的系统尼科尔斯曲线。

dnichols(A，B，C，D，iu，w)和 dnichols(num，den，w)可以利用指定的频率矢量绘制系统的尼科尔斯曲线。

当带输出变量引用函数时，可得到尼科尔斯曲线的数据，而不直接绘制出尼科尔斯曲线，其幅值和相位可由下式表示：

$$g(s)=C(sI-A)^{-1}B+D$$
$$\mathrm{mag}(\omega)=\mid g(\mathrm{e}^{\mathrm{j}\omega t})\mid$$
$$\mathrm{phase}(\omega)=\angle g(\mathrm{e}^{\mathrm{j}\omega t})$$

利用 ngrid()函数可以在尼科尔斯曲线上绘制出网格。

【例 4.28】   某五阶系统为

$$H(z)=\frac{z+1.23}{z^5+1.2z^4+1.56z^3+2z^2+0.91z+0.43}$$

要求其尼科尔斯曲线，内部取样时间为 0.02s。

执行下面的 M 文件：

```
num=[1 1.23];
den=[1 1.2 1.56 2 0.91 0.43];
ts=0.02;
dnichols(num,den,ts);
ngrid
```

执行后得到如图 4 - 28 所示的尼科尔斯曲线。

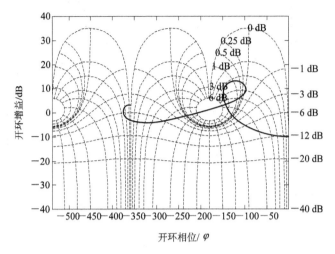

图 4 - 28　系统的尼科尔斯曲线

3. margin( )——求系统的增益和相位裕度

$[gm,pm,wcp,wcg]=margin(mag,phase,w)$

$[gm,pm,wcp,wcg]=margin(num,den)$

$[gm,pm,wcp,wcg]=margin(A,B,C,D)$

margin( )函数可以从频率响应的数据中计算出增益、相位裕度和相位的转折频率。增益和相位裕度是针对开环单输入单输出系统而言的，它指示出当系统闭环时的相对稳定性。当不带变量输出时，该函数可在屏幕上绘制出增益和相位裕度的波特图。

增益裕度是在相位为 $-180°$ 处使环路增益为 1 的增益量，如在 $-180°$ 相频处的增益为 g，则增益裕度为 $1/g$。类似地，相位裕度的定义为当环路增益为 1.0 时，相应的相角与 $180°$ 之间的偏差。

margin(mag, phase, n)可以得到系统的增益和相位裕度，并绘制出波特图，其中 mag、phase 和 w 为 bode( )函数或 dbode( )函数得到的增益、相位裕度及频率值。

margin(num, den)可以计算出以连续系统传递函数表示的增益和相位裕度，类似地，margin(A，B，C，D)可以计算出以连续状态空间模型表示增益和相位裕度，这种格式只适用于连续系统，对于离散系统而言，需要先用 dbode( )函数计算频率响应，然后调用 margin( )函数。

$[gm，pm，wcp，wcg]=margin(mag，phase，w)$ 可以得到增益和相位裕度及相应的频率 wcp 和 wcg，而不直接绘制出波特图。

【例 4. 29】 已知某三阶系统为

$$\dot{x} = \begin{bmatrix} -1.5 & 0 & 0 \\ -0.5 & -2 & -1.4142 \\ 0 & 1.4142 & 0 \end{bmatrix} x + \begin{bmatrix} 1 \\ 1 \\ 0 \end{bmatrix} u$$

$$y = \begin{bmatrix} 0 & 0 & 0.7071 \end{bmatrix} u$$

求其增益和相位裕度。

margin()函数通常放在 bode()函数之后，先由 bode()函数得到增益和相位裕度，然后 margin()函数绘制出增益和相位裕度的波特图。

执行下面的 M 文件：

```
clear all
A=[−1.5 0 0; −0.5 −2 −1.4142; 0 1.4142 0];
B=[1 1 0]′;
C=[0 0 0.7071];
D=0;
[mag,phase,w]=bode(A,B,C,D);
margin(mag,phase,w);
```

运行后得到如图 4 - 29 所示曲线。

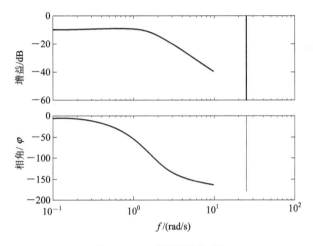

图 4 - 29　系统的波特图

【例 4.30】　某系统的开环传递函数为

$$G(s) = \frac{K}{s(s+1)(0.2s+1)}$$

求 K 分别为 2 和 20 时的幅值裕度和相位裕度。

执行下面的 M 文件：

```
num1=2;
num2=20;
den=conv([1 0],conv([1 1],[0.2 1]));
w=logspace(−1,2,100);
figure(1)
[mag1,pha1]=bode(num1,den,w);
margin(mag1,pha1,w)
figure(2)
[mag2,pha2]=bode(num2,den,w);
margin(mag2,pha2,w)
```

运行后得到如图 4 - 30 所示曲线。

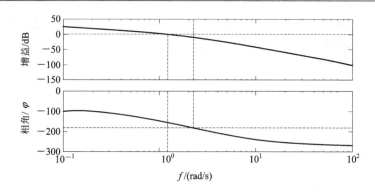

图 4 - 30　系统的波特图

【**例 4.31**】　有一模拟滤波器，其传递函数为

$$G(s) = \frac{0.2s^2 + 0.3s + 1}{s^2 + 0.4s + 1}$$

求它的幅频特性和相频特性。

```
clear
close all
clc
b=[0.2 0.3 1];
a=[1 0.4 1];
w=logspace(-1,1);
h=freqs(b,a,w);
%对 h 求模值
mag=abs(h);
semilogx(w,mag)
grid on
xlabel('frequency-rad/s')
ylabel('magnitude')
figure(2)
%直接绘制幅频与相频曲线
freqs(b,a,w)
[h1,w1]=freqs(b,a);
[h2,w2]=freqs(b,a,100);
disp('w1 length is')
length_w1=length(w1)
disp('w2 length is')
length_w2=length(w2)
w1 length is
length_w1 =
```

w2 length is

length_w2 =

　　　　100

运行后得到如图 4 - 31 所示曲线。

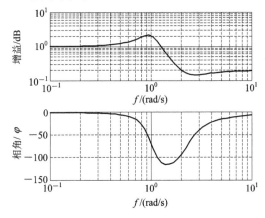

图 4 - 31　系统的波特图

4. bode( ) 函数(波特图)

对数频率特性图包括了对数幅频特性图和对数相频特性图。横坐标为频率 ω，采用对数分度，单位为弧度/秒；纵坐标均匀分度，分别为幅值函数 $20\lg A(\omega)$，以 dB 表示；相角以度表示。

MATLAB 提供了函数 bode( )，用来绘制系统的波特图，其用法如下：

bode(a,b,c,d)：自动绘制出系统的一组波特图，它们是针对连续状态空间系统 [a,b,c,d]的每个输入的波特图。其中频率范围由函数自动选取，而且在响应快速变化的位置会自动采用更多取样点。

bode(a,b,c,d,iu)：可得到从系统第 iu 个输入到所有输出的波特图。

bode(num,den)：可绘制出以连续时间多项式传递函数表示的系统的波特图。

bode(a,b,c,d,iu,w)或 bode(num,den,w)：可利用指定的角频率矢量绘制出系统的波特图。

当带输出变量[mag,pha,w]或[mag,pha]引用函数时，可得到系统波特图相应的幅值 mag、相角 pha 及角频率点 w 矢量或只是返回幅值与相角。相角以度为单位，幅值可转换为分贝单位：magdb＝20×log10(mag)。

【例 4.32】 某系统的开环传递函数为

$$G(s) = \frac{\omega_n^2}{s^2 + 2\xi\omega_n s + \omega_n^2}$$

试绘制出当 ξ 取不同值时的波特图，取 $\omega_n = 5$。

当 ξ 取【0.1；0.2；2】时的该二阶系统的波特图可直接由 bode( )函数得到。

执行下面的 M 文件：

omega_n＝5;

kosai＝[0.1;0.2;2];

w＝logspace(-1,1,100);

```
num＝[omega_n^2];
for ii＝1:3
    den＝[1 2 * kosai(ii) * omega_n omega_n^2];
    [mag, pha, w1]＝bode(num,den,w);
    subplot(2,1,1);
    hold on
    semilogx(w1,mag);
    subplot(2,1,2);
    hold on
    semilogx(w1,pha);
end
subplot(2,1,1);
grid on
title('Bode plot');
xlabel('Frequency(rad/sec)');
ylabel('Gain dB');
text(5.5,4.5,'0.1');
subplot(2,1,2);
grid on
xlabel('Frequency(rad/sec)');
ylabel('phase deg');
text(4,−20,'0.1');
text(2.5,−90,'2.0');
```

运行后得到如图 4－32 所示曲线。

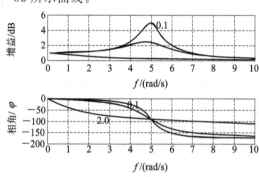

图 4－32　系统的波特图

【例 4.33】　求典型二阶系统当自然振荡频率固定，阻尼比变化时的波特图。

执行下面的 M 文件：

```
wn＝6;
kosi＝[0.1;0.1;1.0];
%在对数空间上生成从 10^(−1)到 10^1 共 100 个数据的横坐标
w＝logspace(−1,1,100);
```

num＝wn^2；

for kos＝kosi

　　den＝[1 2 * kos * wn wn^2]；

　　[mag,pha,w1]＝bode(num,den,w)；

　　% 注意 mag 的单位不是分贝，若需要分贝表示可以通过 20 * log10(mag)

%进行转换

　　subplot(211)；

　　hold on；

　　semilogx(w1,mag)

　　% 注意在所绘制的图形窗口会发现 x 轴并没有取对数分度

　　subplot(212)

　　hold on；

　　semilogx(w,mag)

end

运行后得到如图 4 - 33 所示曲线。

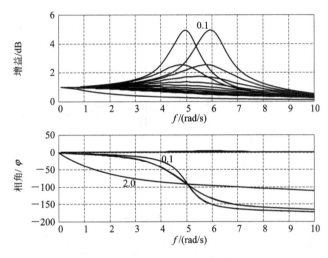

图 4 - 33　系统的波特图

【例 4.34】　某 2 输入 2 输出系统如下所示：

$$
\begin{bmatrix} \dot{x}_1 \\ \dot{x}_2 \\ \dot{x}_3 \\ \dot{x}_4 \end{bmatrix} = \begin{bmatrix} -2.5 & -1.22 & 0 & 0 \\ 1.22 & 0 & 0 & 0 \\ 1 & -1.14 & -3.2 & -2.56 \\ 0 & 0 & 2.56 & 0 \end{bmatrix} \begin{bmatrix} x_1 \\ x_2 \\ x_3 \\ x_4 \end{bmatrix} + \begin{bmatrix} 4 & 1 \\ 2 & 0 \\ 2 & 0 \\ 0 & 0 \end{bmatrix} \begin{bmatrix} u_1 \\ u_2 \end{bmatrix}
$$

$$
\begin{bmatrix} y_1 \\ y_2 \end{bmatrix} = \begin{bmatrix} 0 & 1 & 0 & 3 \\ 0 & 0 & 0 & 1 \end{bmatrix} \begin{bmatrix} x_1 \\ x_2 \\ x_3 \\ x_4 \end{bmatrix} + \begin{bmatrix} 0 & -2 \\ -2 & 0 \end{bmatrix} \begin{bmatrix} u_1 \\ u_2 \end{bmatrix}
$$

试求系统的总波特图及第一个输入到所有输出的波特图。

执行下面的 M 文件：

```
a＝[－2.5 －1.22 0 0;1.22 0 0 0;1 －1.14 －3.2 －2.56;...0 0 2.56 0];
b＝[4 1;2 0;2 0;0 0];
c＝[0 1 0 3;0 0 0 1];
d＝[0 －2;－2 0];
figure(1)
bode(a,b,c,d)
figure(2)
％ 绘制第一个输入到所有输出的波特图
bode(a,b,c,d,1)
```

运行后得到如图 4-34 所示曲线。

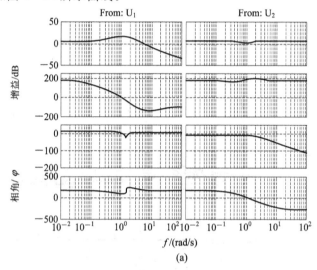

(a)

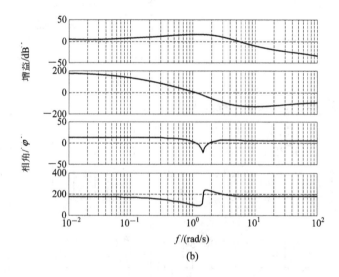

(b)

图 4-34　系统的波特图

（a）系统总的波特图；（b）第一个输入到所有输出的波特图

5. nyquist() 函数(幅相频率特性图)

对于频率特性函数 $G(j\omega)$，给出 ω 从 $-\infty$ 到 $+\infty$ 的一系列数值，分别求出 $\mathrm{Im}(G(j\omega))$ 和 $\mathrm{Re}(G(j\omega))$。以 $\mathrm{Re}(G(j\omega))$ 为横坐标，$\mathrm{Im}(G(j\omega))$ 为纵坐标绘制极坐标频率特性图。

MATLAB 提供了函数 nyquist()，该函数用来绘制系统的极坐标图，其用法如下：

nyquist(a,b,c,d)：绘制出系统的一组奈奎斯特曲线，每条曲线对应于连续状态空间系统[a,b,c,d]的输入/输出组合对。其中频率范围由函数自动选取，而且在响应快速变化的位置会自动选取更多的取样点。

nyquist(a,b,c,d,iu)：可得到从系统第 iu 个输入到所有输出的极坐标图。

nyquist(num,den)：可绘制出以连续时间多项式传递函数表示的系统的极坐标图。

nyquist(a,b,c,d,iu,w) 或 nyquist(num,den,w)：可利用指定的角频率矢量绘制出系统的极坐标图。

当不带返回参数时，直接在屏幕上绘制出系统的极坐标图(图上用箭头表示 w 的变化方向为 $-\infty$ 到 $+\infty$)。当带输出变量[re,im,w]引用函数时，可得到系统频率特性函数的实部 Re 和虚部 Im 及角频率点 w 矢量(为正的部分)。可以用 plot(re,im)绘制出对应 w 从 $-\infty$ 到 0 变化的部分。

【例 4.35】 已知系统的传递函数为

$$G(s) = \frac{K}{s^3 + 52s^2 + 100s}$$

求当 K 分别取 1300 和 5200 时，系统的极坐标频率特性图。

执行下面 M 文件：

```
clear
close all
clc
k1=1300;
k2=5200;
w=8:1:80;
num1=k1;
num2=k2;
den=[1 52 100 0];
figure(1)
subplot(211)
nyquist(num1,den,w);
subplot(212)
pzmap(num1,den);
figure(2)
subplot(211)
nyquist(num2,den,w);
subplot(212)
pzmap(num2,den);
```

```
figure(3)
[numc,denc]=cloop(num2,den);
subplot(211)
step(numc,denc)
subplot(212)
[numc1,denc1]=cloop(num1,den);
step(numc1,denc1)
```

运行结果如图 4 - 35(a)、图 4 - 35(b)和图 4 - 35(c)所示。

6. freqs()函数

freqs 用于计算由矢量 a 和 b 构成的模拟滤波器的幅频响应。

$$H(s) = \frac{B(s)}{A(s)} = \frac{b(1)s^m + b(2)s^{m-1} + \cdots + b(m+1)}{1 \cdot s^n + a(2)s^{n-1} + \cdots + a(n+1)}$$

h=freqs(b,a,w)用于计算模拟滤波器的幅频响应，其中实矢量 w 用于指定频率值，返回值 h 为一个复数行向量，要得到幅值必须对它取绝对值，即求模。

[h,w]=freqs(b,a)自动设定 200 个频率点来计算频率响应，这 200 个频率值记录在 w 中。

[h,w]=freqs(b,a,n)设定 n 个频率点计算频率响应。

不带输出变量的 freqs 函数，将在当前图形窗口中绘制出幅频和相频曲线，其中幅相曲线对纵坐标和横坐标均为对数分度。

MATLAB 提供了频率响应函数 freqs()，其用法如下：

y=freqs(num, den, w)

其中 num 和 den 分别是系统传递函数的分子和分母多项式，w 为角频率范围；返回值 y 为系统的频率特性，是一个复数。

当函数不带返回参数时，将直接在屏幕上绘制出系统的幅频特性和相频特性。

【例 4.36】 系统的闭环函数为

$$G(s) = \frac{K}{s^2 + 2s + 4}$$

要求画出系统的幅频特性曲线。

执行下面语句：

```
num=4;
den=[1 2 4];
w=0:0.01:3;
g=freqs(num,den,w);
mag=abs(g);
plot(w,mag);
xlabel('Frequency-rad/s');
ylabel('Magnitude');
grid;
axis([0 3 0.5 1.2])
title('幅频特性图');
```

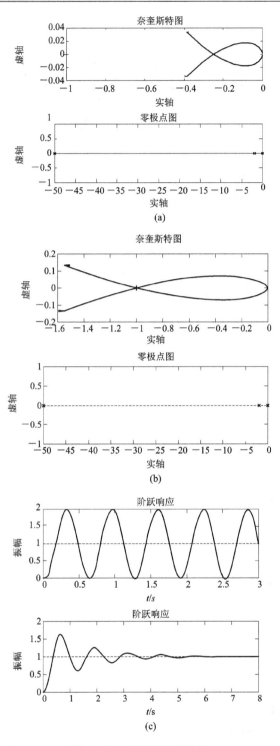

图 4 - 35　系统的运行结果

（a）$K=1300$ 时系统的极坐标频率特性图与零极点分布；

（b）$K=5200$ 时系统的极坐标频率特性图与零极点分布；

（c）$K=1300$ 和 5200 时系统的阶跃响应

运行后，得到幅频特性如图 4-36 所示。

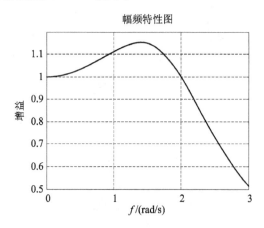

图 4-36　幅频特性

【例 4.37】　系统的传递函数为

$$G(s) = \frac{2.5 \times 4}{(s+2.5)(s^2+2s+4)} = \frac{10}{s^3+4.5s^2+9s+10}$$

求系统的阶跃响应和频率响应。

执行下面的 M 文件：

```
num=10;
den=[1 4.5 9 10];
t=0:0.02:4;
e=step(num,den,t);
w=0:0.01:3;
g=freqs(num,den,w);
mag=abs(g);
subplot(2,1,1);
plot(t,e);
title('Step Response');
xlabel('Time-Sec');
ylabel('y(t)');
grid;
subplot(2,1,2);
plot(w,mag);
title('Frequency Response');
xlabel('Frequency-rad/s');
ylabel('Magnitude');
grid;
```

阶跃响应和频率响应曲线如图 4-37 所示。

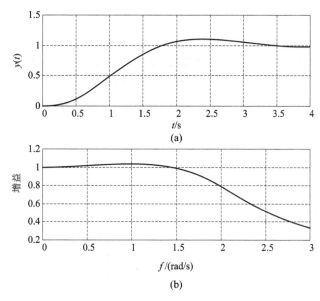

图 4 - 37　系统的阶跃响应曲线和频率响应曲线

（a）阶跃响应曲线；（b）频率响应曲线

4.3.3　频域分析实例

奈奎斯特曲线是根据开环频率特性在复平面上绘出的幅相轨迹，由奈奎斯特曲线可以判断闭环系统的稳定性。系统稳定的充要条件为：奈奎斯特曲线按逆时针包围临界点（−1，j0）的圈数 R，等于开环传递函数位于 s 右半平面的极点数 p，否则闭环系统不稳定，闭环正实部特征根个数 $Z = p − R$。若刚好过临界点，则系统临界稳定。

【例 4.38】　已知某系统的开环传递函数为

$$G(s) = \frac{26}{(s + 6)(s − 1)}$$

要求：（1）绘制系统的奈奎斯特曲线，判断闭环系统的稳定性，求出系统的单位阶跃响应。

（2）给系统增加一个开环极点 $p = 2$，求此时的奈奎斯特曲线，判断此时闭环系统的稳定性，并绘制系统的单位阶跃响应曲线。

执行下面的 M 文件：

```
k＝26;
z＝[];
p＝[−6 1];
[num,den]＝zp2tf(z,p,k);
figure(1)
subplot(211)
nyquist(num,den)
subplot(212)
pzmap(p,z)
figure(2)
```

```
[numc,denc]=cloop(num,den);
step(numc,denc)
```

从图 4 - 38(a)可以看出，奈奎斯特曲线按逆时针包围(—1，j0)点一圈，同时开环系统只有一个位于 s 平面右半平面的极点，因此，根据控制理论中的奈奎斯特稳定性判据，以此构成的闭环系统是稳定的，这一点也可从图 4 - 38(b)闭环系统的阶跃响应曲线得到证实。

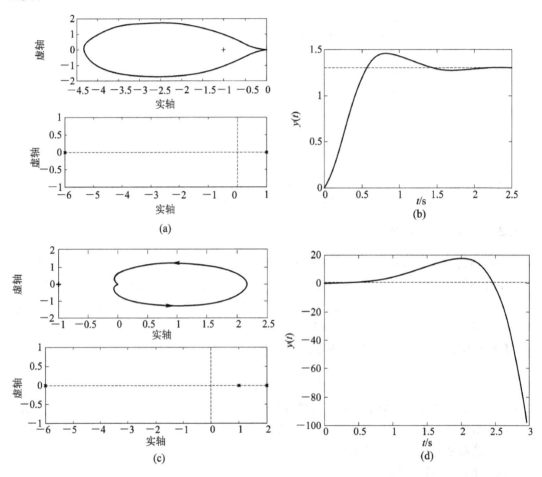

图 4 - 38   系统的仿真结果

（a）原系统奈奎斯特曲线；（b）原系统阶跃响应曲线；

（c）增加极点后的奈奎斯特曲线；（d）增加极点后的阶跃响应曲线

给系统一个开环极点，则系统变为如下形式：

$$H(s) = \frac{26}{(s+6)(s-1)(s-2)}$$

执行下面的 M 文件：

```
close
k=26;
z=[];
p=[-6 1 2];
```

```
[num,den]=zp2tf(z,p,k);
figure(1)
subplot(211)
nyquist(num,den)
title('nyquist diagrams')
subplot(212)
pzmap(p,z)
figure(2)
[numc,denc]=cloop(num,den);
step(numc,denc)
title('step response')
```

运行后得到如图 4 - 38(c)和 4 - 38(d)(增加一个开环零点后系统的奈奎斯特图和阶跃响应),从图可以知道,系统是稳定的。

【例 4. 39】　线性时不变系统如下所示:

$$\dot{x} = \begin{bmatrix} -0.6 & -1.04 & 0 & 0 \\ 1.04 & 0 & 0 & 0 \\ 0 & 0.96 & -0.7 & -0.32 \\ 0 & 0 & 0.32 & 0 \end{bmatrix} x + \begin{bmatrix} 1 \\ 0 \\ 0 \\ 0 \end{bmatrix} u$$

$$y = \begin{bmatrix} 0 & 0 & 0 & 0.32 \end{bmatrix} x$$

要求绘制系统的波特图和奈奎斯特图,判断系统的稳定性。如果系统稳定,求出系统稳定裕度,并绘制系统的单位冲激响应以验证判断结论。

执行下面的 M 文件:

```
a=[ -0.6 -1.04 0 0;1.04 0 0 0;0 0.96 -0.7 -0.32;0 0 0.32 0];
b=[1 0 0 0]';
c=[0 0 0 0.32];
d=0;
% 图 4.39(a)绘制波特图
figure(1)
bode(a,b,c,d);
% 图 4 - 39(b)绘制幅相曲线
figure(2)
subplot(211)
nyquist(a,b,c,d);
[z,p,k]=ss2zp(a,b,c,d);
subplot(212)
[rm,im]=nyquist(a,b,c,d);
plot(rm,im)
% 图 4 - 39(c)绘制带裕度及相应频率显示的波特图
figure(3)
```

margin(a,b,c,d);

% 图 4 - 39(d)绘制冲激响应曲线

figure(4)

[ac,bc,cc,dc]=cloop(a,b,c,d);

impulse(ac,bc,cc,dc) ;

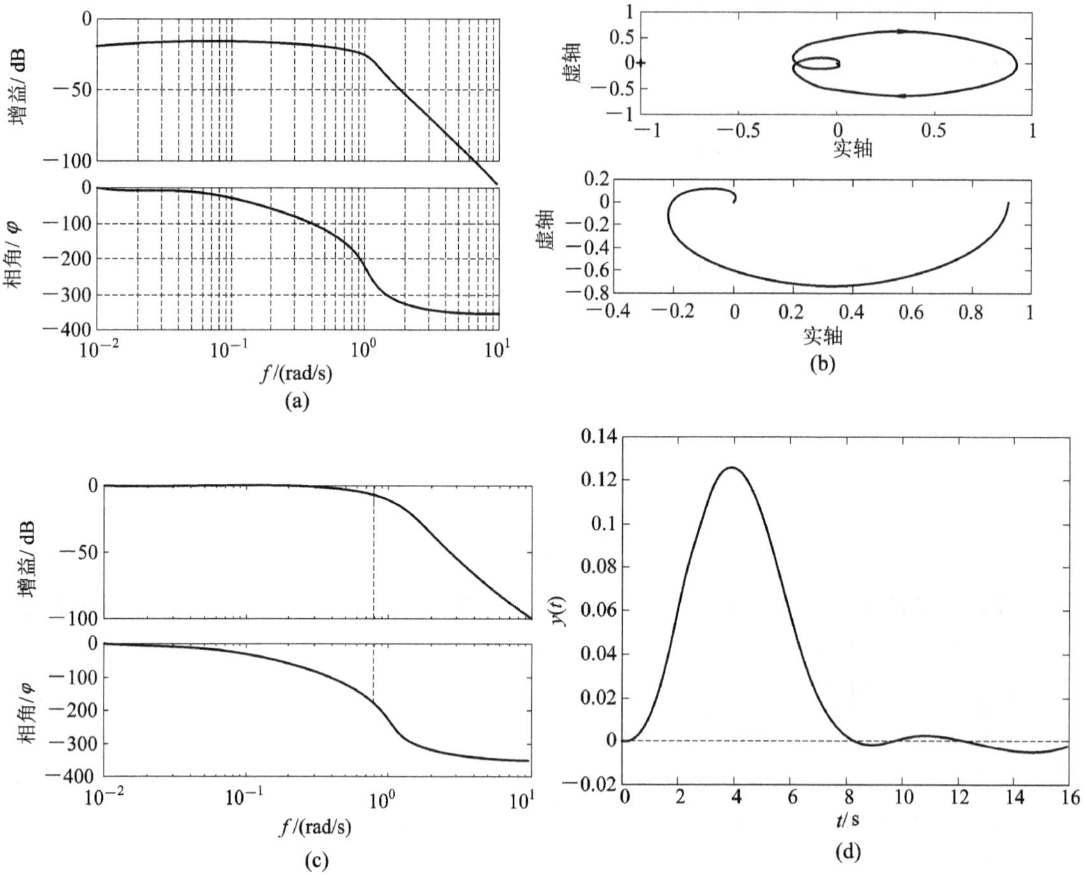

(a)

(b)

(c)

(d)

图 4 - 39　系统的仿真结果

（a）波特图；（b）奈奎斯特曲线；（c）带裕度显示的波特图；（d）冲激响应曲线

【例 4. 40】　系统传递函数模型为

$$H(s) = \frac{s+1}{(s+2)^3} e^{-0.5s}$$

求出有理传递函数的频率响应，然后在同一张图上绘出以四阶 pade 近似表示的系统频率响应。

执行下面的 M 文件：

num=[1 1];

den=conv([1 2],conv([1 2],[1 2]));

w=logspace(-1,2);

t=0.5;

%求有理传递函数模型的频率响应

[mag1,pha1]=bode(num,den,w);

%求系统的等效传递函数

[n2,d2]=pade(t,4);

numt=conv(n2,num);

dent=conv(d2,den);

%求系统的频率响应

[mag2,pha2]=bode(numt,dent,w);

%在同一张图上绘制频率响应曲线

subplot(211)

semilogx(w,20 * log10(mag1),w,20 * log10(mag2),′r－－′);

title(′bode plot′)

xlabel(′frequency－rad/s′);

ylabel(′gain db′);

grid on

subplot(212)

semilogx(w,pha1,w,pha2,′r－－′);

xlabel(′frequency－rad/s′);

ylabel(′phase deg′);

grid on

运行后得到如图 4－40 所示曲线。

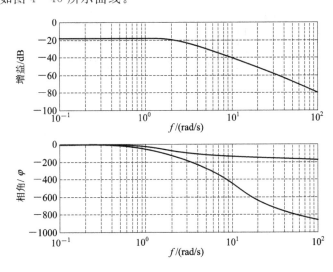

图 4－40　系统的波特图

pade 函数可以近似表示延时环节 e^(－st)，它的调用格式为：

(num,den)=pade(t,n)　　　　%产生最佳逼近时延 t 秒的 n 阶传递函数形式

(a,b,c,d)=pade(t,n)　　　　%则产生的是 n 阶单输入单输出的状态空间模型

【**例 4.41**】 系统结构图如图 4 - 41(a)所示，试用奈奎斯特频率曲线判断系统的稳定性。其中

$$G(s) = \frac{16.7s}{(0.85s+1)(0.25s+1)(0.0625s+1)}$$

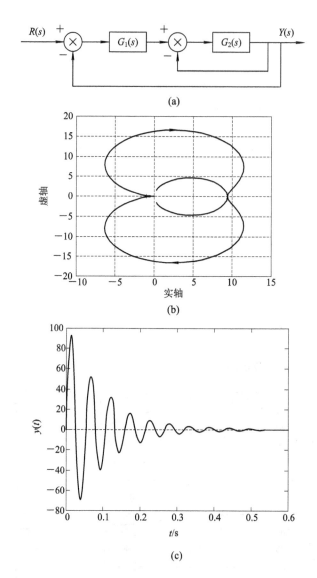

(a)

(b)

(c)

图 4-41 系统的仿真结果

（a）系统结构图；（b）奈奎斯特曲线；（c）冲激响应曲线

执行下面的 M 文件：

```
clc
clear all
num1=[16.7 0];
den1=conv([0.85 1],conv([0.25 1],[0.0625 1]));
[num2,den2]=cloop(num1,den1);
```

```
num3＝10 * num2；
den3＝den2；
[z,p,k]＝tf2zp(num3,den3)；
figure(1)
nyquist(num3,den3)；
grid
％绘制冲激响应曲线验证判断
figure(2)
[numc,denc]＝cloop(num3,den3)；
impulse(numc,denc)
title('impulse response')
```

运行后得到如图 4 - 41(b)、(c)所示曲线。

【例 4.42】 已知系统的开环传递函数分别为

(1)　$G(s)=\dfrac{2}{s-1}$；　(2) $G(s)=\dfrac{2}{s(s-1)}$。

要求分别绘制系统的奈奎斯特图，判别系统的稳定性，并绘制闭环系统的单位冲激响应曲线进行验证。

MATLAB 程序如下：

```
num1 = 2；
den1 = [1 -1]；
num2 = 2；
den2 = conv([1 -1],[1 0])；
[numc1,denc1] = feedback(num1,den1,1,1)；
[numc2,denc2] = feedback(num2,den2,1,1)；
figure (1)；
subplot(1,2,1)；
nyquist(num1,den1)；
subplot(1,2,2)；
impulse(numc1,denc1,10)；
figure (2)；
subplot(1,2,1)；
nyquist(num2,den2)；
subplot(1,2,2)；
impulse(numc2,denc2,20)；
```

执行该程序后，可得到图 4 - 42(a)和图 4 - 42(b)所示系统奈奎斯特图和相应的闭环系统的单位冲激响应。

从图 4 - 42(a)可以看出：奈奎斯特图逆时针包围(-1, j0)点一圈，而系统 1 有一个开环极点位于右半 s 平面，因此闭环系统稳定，这可从图中的单位冲激响应证实。

从图 4 - 42(b)可以看出，奈奎斯特图顺时针包围(-1, j0)点一圈，而系统(2)有一个开环极点位于右半 s 平面，因此闭环系统不稳定，这可从图中的单位冲激响应证实。

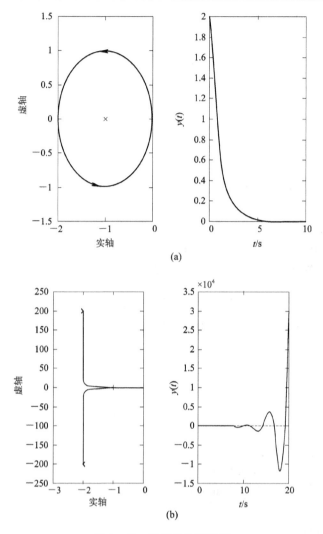

图 4 - 42　系统的仿真结果

（a）系统 1 的奈氏图与冲激响应曲线；（b）系统 2 的奈氏图与冲激响应曲线

【例 4.43】　某控制系统的开环传递函数为 $G(s) = \dfrac{6}{s(s+2)}$，在其输入部分加一个采样器，采样时间分别为 0.5 s 和 2 s，要求绘制控制系统的奈奎斯特图并分析系统的稳定性。

采样时间为 0.5 s 时，MATLAB 程序如下。

执行下面的 M 文件：

```
num＝6;
den＝conv([1 0],[1 2]);
[numd,dend]＝c2dm(num,den,0.5);
figure(1);
dnyquist(numd,dend,0.5);
figure(2);
[numd1,dend1] ＝ feedback(numd,dend,1,1);
```

```
dimpulse(numd1,dend1,30);
sys1＝numd＋dend;
roots(dend)
roots(sys1)
```

执行该程序后，可以得到以下结果：

```
ans＝
     1.0000
     0.3679
ans ＝
     0.4080 ＋ 0.7731j
     0.4080 － 0.7731j
```

同时产生图 4－43(a)所示的系统奈奎斯特图和图 4－43(b)所示的单位冲激响应。

从图 4－43(a)可以看出，奈奎斯特图没有包围(－1，j0)，而系统开环两个极点均位于单位圆内，因此闭环系统稳定，这可由图 4－43(b)得到证实。

采样时间为 2 s 时，MATLAB 程序如下：

```
num＝6;
den＝conv([1 0],[1 2]);
[numd,dend]＝c2dm(num,den,2);
figure(1);
dnyquist(numd,dend,2);
axis([－50 －100 100])
figure(2);
[numd1,dend1]＝feedback(numd,dend,1,1);
dimpulse(numd1,dend1,10);
sys1＝numd＋dend;
roots(dend)
roots(sys1)
```

执行该程序后，可以得到以下结果：

```
ans＝
     1.0000
     0.0183
ans ＝
     －3.0575
     －0.4517
```

同时产生图 4－43(c)所示的系统奈奎斯特图和图 4－43(d)所示的单位冲激响应。

从图 4－43(c)可以看出，奈奎斯特图顺时针包围(－1，j0)点，而系统开环两个极点均位于单位圆内，因此闭环系统不稳定，这可由图 4－43(d)得到证实。可以看出增大采样时间对系统稳定是不利的。

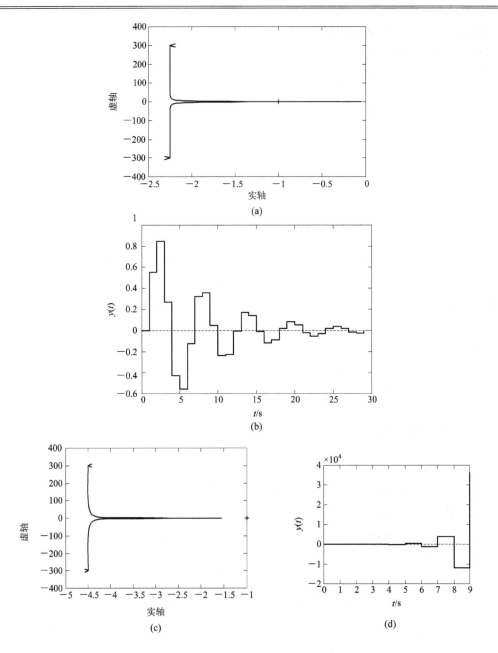

图 4-43 系统的仿真结果

（a）采样时间 0.5 s 时系统的奈氏图；（b）采样时间 0.5 s 时系统的冲激响应；
（c）采样时间 2 s 时系统的奈氏图；（d）采样时间 2 s 时系统的冲激响应

【例 4.44】 对于典型二阶系统

$$G(s) = \frac{\omega_n^2}{s^2 + 2\xi\omega_n s + \omega_n^2}$$

（1）绘制 $\omega_n = 5$ 时，ξ 取不同值时的波特图；

（2）绘制 $\xi = 0.707$ 时，ω_n 取不同值时的波特图。

（1）MATLAB 程序如下：

```
wn=5;
w=logspace(-1,1,100);
for kc=0.1:0.1:1;
num=[wn^2];
den=[1 2 * kc * wn wn^2];
[mag, phase, w]=bode(num,den,w);
subplot(2,1,1); hold on;
semilogx(w, 20 * log(mag));
subplot(2,1,2); hold on;
semilogx(w, phase);
end
subplot(2,1,1); hold on; grid;
title('Bode plot');
xlabel('Frequency(rad/sec)');
ylabel('Gain dB');
subplot(2,1,2); hold on; grid;
xlabel('Frequency (rad/sec)');
ylabel('Phase deg');
hold off
```

执行后，可得到图 4 - 44(a)所示的系统波特图。

可以看出，当阻尼比 ξ 较小时，系统频域响应在自然频率 ω_n 附近将出现较强的振荡。

(2) MATLAB 程序如下：

```
kc=0.707;
w=logspace (-1, 1, 100);
for wn=1: 1: 10;
num=[wn^2];
den=[1 2 * kc * wn wn^2];
[mag, phase, w1]=bode (num,den,w);
Subplot(2, 1, 1); hold on;
semilogx(w1, 20 * log10(mag));
subplot(2,1,2); hold on;
semilogx(w1, phase);
end
subplot(2,1,1); hold on; grid;
title('Bode plot');
xlabel('Frequency(rad/sec)');
ylabel('Gain dB');
subplot(2,1,2); hold on; grid;
xlabel('Frequency (rad/sec)');
```

ylabel('Phase deg');

hold off

执行后，可得到图 4-44(b)所示的系统的波特图。

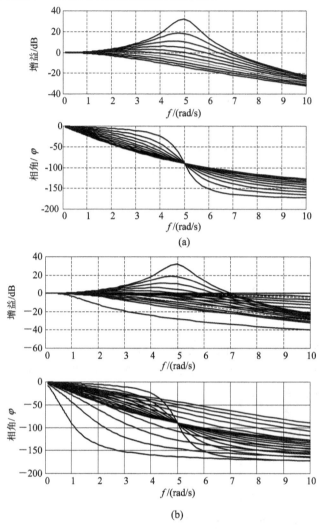

图 4-44　系统的波特图

(a) wn=5 时系统的波特图(ξ 改变)；(b) ξ=0.707 时系统的波特图(wn 改变)

可以看出：当自然频率 ω_n 增加时，波特图的带宽将增加，使得系统的时域响应速度变快。

【**例 4.45**】　某一单位反馈控制系统的开环传递函数为

$$G(s) = \frac{K(s+2)}{(s+1)(s^2+2s+4)}$$

要求绘制出当 K 分别取 20、10 和 5 时系统的尼科尔斯图，并进行稳定性分析。

MATLAB 程序如下：

```
clc
clear all
```

num1＝[1 2]；den1＝[1,1]；
sys1＝tf (num1，den1)；
num2＝[1]；den2＝[1 2 4]；
sys2＝tf (num2，den2)；
sys＝series(sys1，sys2)；
k＝[20 10 5]；
for i＝1:3
nichols(k(i) * sys)
hold on
end
ngrid
axis ([－200 0 －40 40])
执行后，可得到系统的尼科尔斯图，如图 4－45 所示。

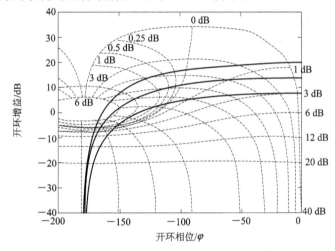

图 4－45　系统的尼科尔斯图

从图 4－45 可以看出，该系统有很大的增益裕量和正的相位裕量，闭环系统是稳定的。

前面介绍了使用开环系统的频率特性来分析闭环系统的特性，但是在工程实践中，为了进一步分析和设计系统，常常使用系统的闭环频率特性。

【例 4.46】　系统的闭环传递函数为

$$G(s) = \frac{4}{s^2 + 2s + 4}$$

要求画出系统的频率特性，并求出系统的谐振峰值和谐振频率。

MATLAB 程序如下：

num＝4；
den＝[0:0.01:3]；
w＝[0:0.01:3]；
g＝freqs (num,den,w)；
mag＝abs(g)；

```
for I=2：(length(w)−1)；
    if (mag(i+1)−mag(i))〈0 &(mag(i)−mag(i−1)))〉0
        mp=mag(i)；
        wp=w(i)；
    end
end
disp('mp')；disp(mp)；
disp('wp')；disp(wp)；
plot(w，mag)；
xlabel ('Frequency(rad/s)')；
ylabel ('Magnitude')；
grid；
axis([0 3 0.5 1.2])；
title('闭环幅频特性曲线')；
```

执行后，可得到如下结果：

```
mp=
    1.1547
wp=
    1.4100
```

系统的幅频特性如图 4 − 46 所示。

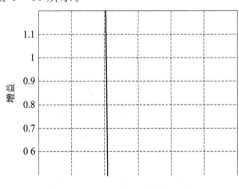

图 4 − 46　系统闭环幅频特性

4.4　控制系统的根轨迹分析

　　根轨迹法是一种求解闭环特征方程根的简便图解法，它是根据系统开环传递函数的极点、零点的分布和一些简单的规则，研究开环系统的某一参数从零到无穷大时，闭环系统极点在 s 平面上的轨迹。利用根轨迹法能够分析系统的稳定性及系统的动态响应特性，还可根据系统动态和稳态特性的要求确定可变参数，调整开环零极点的位置和数目。因此，在控制系统的分析和设计中，根轨迹法是一种很实用的工程方法。

4.4.1　根轨迹的相关概念

根轨迹法是 W.R.Evans 于 1948 年提出的一种求解闭环特征值方程根的简便的图解方法，由于它计算量小和直观化等优点，从其一诞生就被广泛地应用于工程实际当中。该方法根据系统开环传递函数的极点和零点分布，依照一些简单的规则，用作图的方法求出闭环极点的分布，避免了复杂的数学运算。

1. 根轨迹的相关概念

所谓根轨迹是指，当开环系统某一参数从零变到无穷大时，闭环系统特征方程的根在 s 平面上的轨迹。一般来说，这一参数选作开环系统的增益 K，而在无零点和极点对消时，闭环系统特征方程的根就是闭环传递函数的极点。

根轨迹分析方法是分析和设计线性定常控制系统的图解方法，使用十分简便。利用它可以对系统进行各种性能分析：

1）稳定性

当开环增益 K 从零到无穷大变化时，如果图中的根轨迹不会越过虚轴进入右半 s 平面，则这个系统对所有的 K 值都是稳定的；如果根轨迹越过虚轴进入右半 s 平面，则其交点的 K 值就是临界稳定开环增益。

2）稳态性能

开环系统在坐标原点有一个极点，因此根轨迹上的 K 值就是静态速度误差系数，如果给定系统的稳态误差要求，则可由根轨迹确定闭环极点允许的范围。

3）动态性能

当 $0 < K < 0.5$ 时，所有闭环极点位于实轴上，系统为过阻尼系统，单位阶跃响应为非周期过程；当 $K = 0.5$ 时，闭环两个极点重合，系统为临界阻尼系统，单位阶跃响应仍为非周期过程，但速度更快；当 $K > 0.5$ 时，闭环极点为复数极点，系统为欠阻尼系统，单位阶跃响应为阻尼振荡过程，且超调量与 K 成正比。

2. 绘制根轨迹的基本条件

根轨迹方程为

$$G(s)H(s) = -1 \tag{4-20}$$

或写成

$$G(s)H(s) = \frac{K \prod_{i=1}^{m}(s+z_i)}{\prod_{j=1}^{n}(s+p_j)} = -1 \tag{4-21}$$

上式中：z_i 为系统的开环零点；p_j 为系统的开环极点。

绘制根轨迹的两个基本条件：

（1）幅角条件：

$$\angle G(s)H(s) = \sum_{i=1}^{m} \angle(s+z_i) - \sum_{j=1}^{n} \angle(s+p_j) = \pm(2K+1)\pi \tag{4-22}$$

（2）幅值条件：

$$| G(s)H(s) | = \frac{K \prod\limits_{i=1}^{m} | s + z_i |}{\prod\limits_{j=1}^{n} | s + p_j |} = 1$$

或写成

$$K = \frac{\prod\limits_{j=1}^{n} | s + p_j |}{\prod\limits_{i=1}^{m} | s + z_i |} \tag{4-23}$$

4.4.2 根轨迹分析函数

通常来说,绘制系统的根轨迹是很繁琐的事情,因此在教科书中介绍的是一种按照一定规则进行绘制的概略根轨迹。在 MATLAB 中,专门提供了绘制根轨迹的有关函数。常用的根轨迹分析函数如表 4.3 所示。

表 4.3 常用根轨迹分析函数

函　数	说　明
rlocus	根轨迹增益检测
rlocfind	求根轨迹
sgrid	连续系统的根轨迹
zgrid	离散系统的根轨迹

rlocus:求系统根轨迹。

rlocfind:计算给定一组根的根轨迹增益。

sgrid:在连续系统根轨迹图和零极点图中绘制出阻尼系数和自然频率栅格。

1. rlocus()函数

MATLAB 提供了函数 rlocus() 来绘制系统的根轨迹图,其用法如下:

rlocus(a,b,c,d)或者 rlocus(num,den):根据单输入单输出开环系统的状态空间描述模型和传递函数模型直接在屏幕上绘制出系统的根轨迹图。开环增益的值从零到无穷大变化。

rlocus(a,b,c,d,k)或 rlocus(num,den,k):通过指定开环增益 k 的变化范围来绘制系统的根轨迹图。

r=rlocus(num,den,k) 或者[r,k]=rlocus(num,den):不在屏幕上直接绘出系统的根轨迹图,而根据开环增益变化矢量 k,返回闭环系统特征方程 $1+k*num(s)/den(s)=0$ 的根 r,它有 length(k)行,length(den)−1 列,每行对应某个 k 值时的所有闭环极点,或者同时返回 k 与 r。

若给出传递函数描述系统的分子项 num 为负,则利用 rlocus 函数绘制的是系统的零度根轨迹(正反馈系统或非最小相位系统)。

【例 4.47】 已知某系统的参数分别为

$$\boldsymbol{A} = \begin{bmatrix} 0 & 3 \\ -3 & -1 \end{bmatrix}, \boldsymbol{B} = \begin{bmatrix} 0 & 1 \end{bmatrix}^{\mathrm{T}}, \boldsymbol{C} = \begin{bmatrix} 1 & 3 \end{bmatrix}, \boldsymbol{D} = 2$$

和

$$G(s) = \frac{2s + 4}{8s^3 + 3s^2 + s}$$

试绘制其根轨迹图。

执行下面的 M 文件：

```
clc
clear
close all
%已知系统的状态空间描述模型
a=[0 3;-3 -1];
b=[0 1]';
c=[1 3];d=2;
subplot(211)
rlocus(a,b,c,d)
%已知系统传递函数模型
num=[2 4];
den=[8 3 1 0];
subplot(212)
rlocus(num,den)
[r,k]=rlocus(num,den);
disp('r 的维数')
size(r)
r 的维数
ans =

        22   3
```

运行后得到如图 4-47 所示曲线。

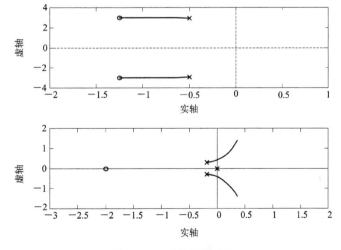

图 4-47　系统的根轨迹

2. rlocfind()函数

MATLAB 提供了函数 rlocfind()，该函数用来找出给定的一组根（闭环极点）对应的根轨迹增益。其用法如下：

[k,p]＝rlocfind(a,b,c,d)

或者

[k,p]＝rlocfind(num,den)

该函数要求在屏幕上先绘制好有关的根轨迹图。然后，此命令将产生一个光标用来选择希望的闭环极点。命令执行结果：k 为对应选择点处根轨迹开环增益；p 为此点处的系统闭环特征根。

不带输出参数项[k,p]时，同样可以执行，此时只是将 k 的值返回到缺省变量 ans 中。

【例 4.48】　已知系统开环传递函数模型为

$$G(s) = \frac{1}{(0.01s^2 + s)(0.02s + 1)}$$

试绘制其根轨迹图。

```
clc
clear
close all
%
num=1;
den=conv([0.01 1 0],[0.02 1]);
rlocus(num,den)
[k1,p]=rlocfind(num,den)
[k2,p]=rlocfind(num,den)
title('root locus')
```

执行结果：

```
selected_point =
 −38.0922 +18.2456j
k1=
      11.8784
p=
    1.0e+002 *
   −1.0919
   −0.2041 + 0.1129j
   −0.2041 − 0.1129j
Select a point in the graphics window
selected_point =
 −44.3963 +34.1520j
k2 =
      25.2994
```

p＝

    1.0e＋002 ＊

    －1.1638

    －0.1681 ＋ 0.2836j

    －0.1681 － 0.2836j

运行后得到如图 4 - 48 所示曲线。

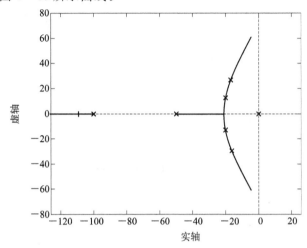

图 4 - 48　系统的根轨迹

3. sgrid() 函数

sgrid：在现存的屏幕根轨迹或零极点图上绘制出自然振荡频率 ω_n、阻尼比矢量 z 对应的格线。

sgrid('new')：先清屏，再画格线。

sgrid(z,wn)：绘制由用户指定的阻尼比矢量 z、自然振荡频率 ω_n 的格线。

4.4.3　根轨迹分析应用实例

【例 4.49】　设系统的开环传递函数为

$$H(s) = \frac{K(s＋5)}{s(s＋2)(s＋3)}$$

绘制闭环系统的根轨迹，并确定交点的增益。

利用 rolcus() 函数可绘制出根轨迹，利用 rlocfind() 函数可找出根轨迹上任意一点处的增益和相应的极点，执行下面的 M 文件：

```
clc
clear
close all
num＝[1 5];
den＝[1 5 6 0];
rlocus(num,den)
Select a point in the graphics window
```

selected_point =

　　$-0.8977 - 0.1111j$

ans =

　　0.5141

执行时先绘制出根轨迹，并提示用户在图形窗口中选择根轨迹上的一点，以计算出增益 k 及相应的极点。这时十字光标放在需要选取的根轨迹的交点处，即可得到数据。

这说明闭环系统有三个极点。事实上，如果能够将十字光标准确地放在根轨迹的交点上，应有 p2＝p3。

运行后得到如图 4-49 所示曲线。

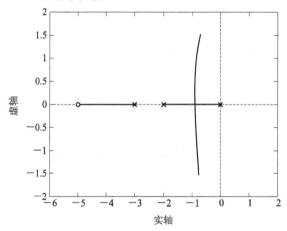

图 4-49　系统的根轨迹

【例 4.50】　单位负反馈系统的开环传递函数为

$$G(s) = \frac{K}{s(s+2.73)(s^2+2s+2)}$$

试绘制根轨迹图，并求出与实轴的分离点、与虚轴的交点及对应的增益。

MATLAB 程序如下：

```
num=1;
den=conv([1 0], conv([1 2.73], [1 2 2]));
rlocus(num, den);
[k, poles]=rlocfind(num,den)
```

利用 rlocfind 函数，在图形窗口中显示十字形光标，选择根轨迹与实轴的分离点，则相应的增益由变量 k 记录，与增益相关的所有的极点记录在变量 poles 中：

Select a point in the graphics window

select_point=

　　$-2.0850 - 0.0151j$

k=

　　2.9289

poles=

　　-2.0804

$$-2.0320$$
$$-0.3088+0.7730j$$
$$-0.3088-0.7730j$$

也可利用在图形窗口中显示的手形光标,选择根轨迹与虚轴的交点,则直接显示出该点的增益和坐标,如图 4-50 所示。

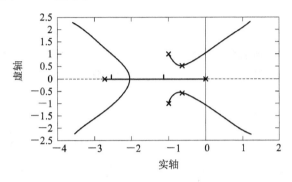

图 4-50　系统的根轨迹

【例 4.51】　设控制系统的开环传递函数为

$$G(s) = \frac{K(s+1)}{s^2(s+a)}$$

试绘制在下列条件下的根轨迹:

(1) a=10;(2) a=9;(3) a=8;(4) a=3。

通过比较上述各条件下的根轨迹,你能得出什么结论?

MATLAB 程序如下:

```
num1=[1 1];
den1=conv([1 0 0],[1 10]);
num2=[1 1];
den2=conv([1 0 0],[1 9]);
num3=[1 1];
den3=conv([1 0 0],[1 8]);
num4=[1 1];
den4=conv([1 0 0],[1 3]);
figure(1)
subplot(2,2,1)
rlocus(num1,den1);
axis([-10 0 -4 4])
title('a=10')
subplot(2,2,2)
rlocus(num2,den2);
axis([-9 0 -4 4])
title('a=9')
subplot(2,2,3)
```

```
rlocus(num3，den3);
axis([-8 0 -4 4])
title('a=8')
subplot(2，2，4)
rlocus(num4，den4);
axis([-8 0 -4 4])
title('a=3')
```

该程序执行后，可得到系统的根轨迹图，如图 4-51 所示。极点向右移动相当于某些惯性或振荡环节的时间常数增大，使系统的稳定性变坏。

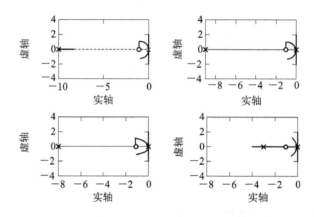

图 4-51 系统的根轨迹图

【例 4.52】 已知某单位反馈系统的开环传递函数为

$$G(s) = \frac{K}{s(0.01s + 1)(0.02s + 1)}$$

要求：绘制系统的闭环根轨迹，并确定使系统产生重实根和纯虚根的开环增益 K。

```
%根轨迹图的绘制
clc
clear
close all
%已知系统开环传递函数模型
num=1;
den=conv([0.01 1 0],[0.02 1]);
rlocus(num,den)
[k1,p]=rlocfind(num,den)
[k2,p]=rlocfind(num,den)
title('root locus')
```

运行后得到如图 4-52 所示曲线。

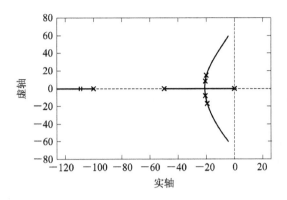

图 4 - 52　系统的根轨迹图

【**例 4.53**】　某开环系统传递函数为

$$G_0(s) = \frac{K(s+2)}{(s^2+4s+3)^2}$$

要求绘制系统的闭环根轨迹，分析其稳定性，并绘制出当 $K=55$ 和 $K=56$ 时系统的闭环冲激响应。

```
%已知系统传递函数模型
numo=[1 2];
den=[1 4 3];
deno=conv(den,den);
figure(1)
k=0:0.1:150;
rlocus(numo,deno,k)
title('root locus')
[p,z]=pzmap(numo,deno);
%求出系统临界稳定增益
[k,p1]=rlocfind(numo,deno);
k
%验证系统的稳定性
figure(2)
subplot(211)
k=55;
num2=k*[1 2];
den=[1 4 3];
den2=conv(den,den);
[numc,denc]=cloop(num2,den2,-1);
impulse(numc,denc)
title('impulse response k=55');
subplot(212)
```

```
k=56;
num3=k * [1 2];
den=[1 4 3];
den3=conv(den,den);
[numcc,dencc]=cloop(num3,den3,−1);
impulse(numcc,dencc)
title('impulse response k=56');
Select a point in the graphics window
selected_point =
      −0.7235 − 0.0292j
k=
      0.3138
```

运行后得到如图 4 - 53 所示曲线。

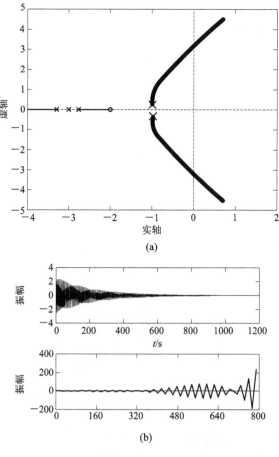

(a)

(b)

图 4 - 53　系统的仿真结果

(a)根轨迹图；(b)冲激响应

【例 4.54】　系统开环传递函数为

$$G(s) = \frac{K}{s(s+1)(s+2)}$$

试寻找一个合适的 K 值使得闭环系统具有较理想的阶跃响应。

执行下面的 M 文件：

```
clc
clear
close all
num=1;
den=conv([1 0],conv([1 1],[1 2]));
z=[0.1:0.2:1];
wn=[1:6];
sgrid(z,wn);
text(−0.3,2.4,'z=0.1')
text(−0.8,2.4,'z=0.3')
text(−1.2,2.1,'z=0.5')
text(−1.8,1.8,'z=0.7')
text(−2.2,0.9,'z=0.9')
%通过 sgrid 指令可以绘出指定阻尼比 z 和自然振荡频率 ωn 的栅格线
hold on
rlocus(num,den)
axis([−4 1 −4 4])
[k,p]=rlocfind(num,den)
```

%由控制理论知，离虚轴近的稳定极点对整个系统的响应贡献大，配合前面所画的 z 及 wn 栅格线从而可以找出能产生主导极点阻尼比 z=0.707 的合适增益

```
[numc,denc]=cloop(k,den);
figure(2)
step(numc,denc)
Select a point in the graphics window
selected_point =
        −1.3963−0.0000j
k=
        0.3341
p =
        −2.1374
        −0.6037
        −0.2589
```

运行后得到如图 4 − 54 所示曲线。

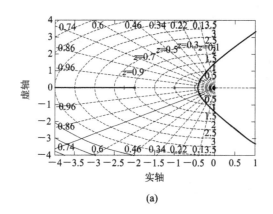

(a)

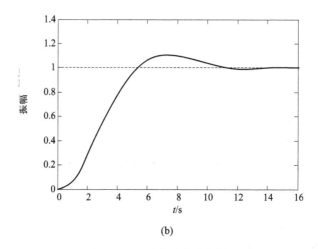

(b)

图 4 - 54　系统的仿真结果

（a）根轨迹图；（b）阶跃响应

【例 4.55】　某控制系统的开环传递函数为

$$G(s) = \frac{K(s+1)}{s^2(s+2)(s+4)}$$

要求分别绘制正反馈系统和负反馈系统的根轨迹，指出它们的稳定性情况有什么不同。

执行下面的 M 文件：

```
subplot(211)
num＝[1 1];
den＝conv([1 0 0],conv([1 2],[1 4]));
rlocus(num,den)
％绘制零度根轨迹图
subplot(212)
num1＝－num;
den1＝den;
rlocus(num1,den1)
```

运行后得到如图 4 - 55 所示曲线。

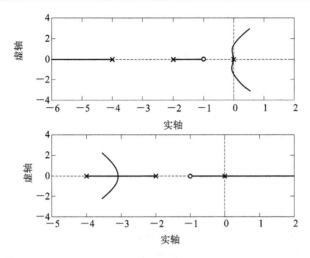

图 4-55　系统的根轨迹图

【例 4.56】　已知一离散系统的开环传递函数为

$$H(z) = \frac{2z^2 - 0.5z + 2}{z^2 - 1.8z + 0.9}$$

要求绘制其开环系统的根轨迹，并绘制出网格线。

绘制离散根轨迹也使用 rlocus() 函数，绘制离散系统根轨迹图上的网格线应当使用 zgrid() 函数，执行下面的 M 文件：

```
clc
clear
close all
num=[2 -0.5 2];
den=[1 -1.8 0.9];
rlocus(num,den);
title('Root Locus of Discrete System');
zgrid;
```

运行后得到根轨迹如图 4-56 所示。

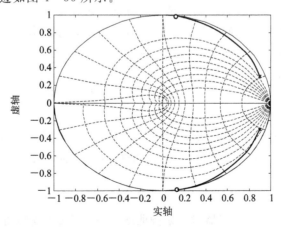

图 4-56　系统的根轨迹图

4.5 控制系统的校正

根据已知的系统结构、参数计算其性能指标并对系统进行仿真，这就是所谓的系统分析问题。控制系统设计是系统分析的逆问题：即给定系统性能指标与给定的对象，设计能够完成特定任务的控制器。控制系统的设计过程可以在时域进行，也可以在频域进行。如果对象模型是以传递函数的形式给出，通常采用经典控制理论中的频率特性法或根轨迹法完成控制器的设计，即在原有系统中引入适当的环节，用以对原有系统的某些性能（如相角裕度、剪切频率、误差系数等）进行校正，使校正后的系统达到期望的性能要求。如果对象模型是以状态方程形式描述的，则系统的设计过程是在时域进行的。通常是采用状态反馈和极点配置的方法得到控制策略，其中包括状态观测器的设计以及最优控制系统的设计等，其研究内容习惯上称为现代控制理论。

4.5.1 控制系统设计概述

1. 控制系统设计的概念

所谓系统设计，就是在给定的性能指标下，对于给定的对象模型，确定一个能够完成给定任务的控制器（常称为校正器或者补偿控制器），即确定校正器的结构与参数。所谓给定任务即指系统满足的静态与动态性能要求，控制系统设计又叫做控制系统的校正或者控制系统的校正设计。

系统的静态性能指标有：稳态误差（e_{ss}），静态位置误差系数（k_p），静态速度误差系数（k_v），静态加速度误差系数（k_a）等。

系统的动态性能指标有时域的与频域的。时域指标为超调量（σ）、峰值时间（t_p）、调节时间（t_s）等；频域指标有峰值（A_m）、峰值频率（ω_m）、频带（ω_b）、剪切频率（ω_c）、模值稳定格度（L_n）、相角稳定裕度（γ）等。

2. 控制系统的设计方式

在经典控制系统里，主要数学模型是微分方程或传递函数。基于传递函数模型的有动态结构图、频率特性等。故控制系统设计方法有基于微分方程求解的分析微分方程特征根的根轨迹法，有基于频率特性的波特图法。校正设计中要注意校正方式和选择参数的非唯一性，参数计算和元件选择时要留有余量。

按照校正器与给定受控对象连接的方式，有串联校正、反馈校正、前置校正与干扰补偿四种。

串联校正方式在设计计算时用定性的方法比较简单，易于实现信号转换，但信号衰减大，装置的功耗大。串联校正可以分为超前、滞后以及超前—滞后三种校正方式，分别适用于不同的场合。

1）超前校正设计

超前校正设计是指利用校正器对数幅频曲线有正斜率（即幅频曲线的渐近线与横坐标夹角的正切值大于零）的区段及其相频曲线具有正相移（即相频曲线的相角值大于零）区段

的系统校正设计。这种校正设计方法的突出特点是校正后系统的剪切频率比校正前的大，系统的快速性能得到提高。如果采用无源网络作校正器，会产生增益损失，现已被有源校正所代替。这种校正设计方法被要求稳定性好、超调小以及动态过程响应快的系统经常采用。

2）滞后校正设计

滞后校正设计是指利用校正器对数幅频特性曲线具有负斜率（即幅频曲线的渐近线与横坐标夹角的正切值小于零）的区段及其相频特性曲线具有负相移（即相频曲线的相角值小于零）区段的系统校正设计。这种校正设计方法的突出特点是校正后系统的剪切频率比校正前的小，系统的快速性能变差，但系统的稳定性却得到提高。可见，在系统快速性要求不是很高，而稳定性与稳态精度要求很高的场合，滞后校正设计方法是很适合的。

3）滞后—超前校正设计

滞后—超前校正设计是指既有滞后校正作用又有超前校正作用的校正器设计。它既具有滞后校正高稳定性、高精确度的长处，又具有超前校正响应快、超调小的优点。虽然这种校正所用装置或元器件要多些，会增加设备投资，但因其优良的性能，在要求高的设备中还是经常被采用。

4）反馈校正

除了前面介绍的三种串联校正方法之外，反馈校正（又称并联校正）也是广泛采用的系统设计方法之一。反馈校正主要是利用校正装置的频率特性，在中频区段代替或改变原系统的频率特性，使系统符合所需的期望特性，从而达到系统所要求的性能指标，反馈校正可以削弱系统的非线性特性的影响，提高响应速度，降低对参数变化的敏感性，拟制噪声的影响。

3. 控制系统的设计要点

（1）当系统的性能指标是以最大超调量，上升时间，调整时间，阻尼比以及希望的闭环极点的无阻尼自振频率等表示时，采用根轨迹法进行校正比较方便。在设计系统时，如果需要对增益以外的参数进行调整，则必须通过引入适当的校正来改变原来的根轨迹，当在开环传递函数上增加极点时，则可以使根轨迹向右方向移动，一般会降低系统的稳定性，增大系统的调整时间，而当在开环传递函数上增加零点时，则可以使根轨迹向左方向移动，通常会提高系统的稳定性。

（2）当系统的性能指标是以稳态误差、相角裕度、幅值裕量、谐振峰值和带宽等表示时，采用频率法进行校正比较方便。频率法中的串联超前校正主要是利用校正装置的超前相位在穿越频率处对系统进行相位补偿，以提高系统的相位稳定裕量，同时也提高了穿越频率值，从而改善了系统的稳定性和快速性。超前校正主要适用于稳态精度不需要改变，暂态性能不佳，而穿越频率附近相位变化平稳的系统。串联滞后校正在于提高系统的开环增益，从而改善控制系统的稳态性能，而尽量不影响系统原有的动态性能。

（3）串联滞后超前校正可兼有上述两种作用，主要应用于要求较高，而单纯的超前或滞后校正不能满足或者无法应用的系统的校正。

4.5.2　基于根轨迹图的校正方法

根轨迹法校正即是借助根轨迹曲线进行校正，系统的期望主导极点往往不在系统的根轨迹上。由根轨迹的理论，添加上开环零点或极点可以使根轨迹曲线形状改变。若期望主导极点在原根轨迹的左侧，则只要加上一对零极点，使零点位置位于极点右侧。如果适当选择零、极点的位置，就能够使系统根轨迹通过期望主导极点 s_1，并且使主导极点在 s_1 点位置时的稳态增益满足要求。此即为相位超前校正。

系统的期望主导极点若在系统的根轨迹上，但是在该点的静特性不满足要求，即对应的系统开环增益 K 太小。单纯增大 K 值将会使系统阻尼比变小，甚至于使闭环特征根移到复平面 s 的右半平面去。为了使闭环主导极点在原位置不动，并满足静态指标要求，则可以添加上一对偶极子，其极点在其零点的右侧。从而使系统原根轨迹形状基本不变，而在期望主导极点处的稳态增益得到加大。此即为相位滞后校正。

根轨迹法的微分超前校正可以用于改善系统的动态特性，根轨迹法的积分滞后校正可以用于改善系统的稳态精度，下面分别用例题来说明。

【例 4.57】 已知系统的开环传递函数为

$$G(s) = \frac{4}{s(s+2)}$$

要求 $\sigma_p < 20\%$，$t_s < 2$ s，试用根轨迹法作微分超前校正。

(1) 作原系统根轨迹如图 4-57(a)所示。

n=[4];

d=[1 2 0];

rlocus(n,d);

(2) 确定系统希望的极点位置。由下列程序计算得：

sigma=0.2;

zeta=((log(1/sigma))^2/((pi)^2+(log(1/sigma))^2))^(1/2);

zeta=0.4559

即 $\xi \geqslant 0.4559$，取 $\xi = 0.5$，再由 $t_s = \dfrac{3}{\xi \omega_n} = 1.5$ s，可以得到 $\omega_n = 3$ rad/s，从而确定希望的极点为：$-1.5000 + 2.5981$j，$-1.5000 - 2.5981$j

(3) 校正后的系统结构。由理论分析可以确定校正装置为

$$G_c(s) = \frac{4.68(s+2.9)}{s+5.4}$$

利用下面的程序可以画出校正后系统的根轨迹如图 4-57(b)所示。

n1=[4.68];n2=[1 2.9];n3=[4];

d1=[1 5.4];d2=[1 0];d3=[1 2];

n=conv(n1,conv(n2,n3));

d=conv(d1,conv(d2,d3));

rlocus(n,d);

(4) 校正前后系统的时间响应分析。利用下面的程序可以画出系统的阶跃响应曲线如图 4-57(c)所示：

step([4],[1 2 4]);

hold on

[nc,dc]=cloop(n,d,-1);

step(nc,dc);

text(0.2,1.3,'校正后');

text(2,1.3,'校正前');

从图 4 - 57(c)可以知道，校正前 $t_s=3$ s，校正后 $t_s=1.5$ s，经过校正使系统的响应明显加快。

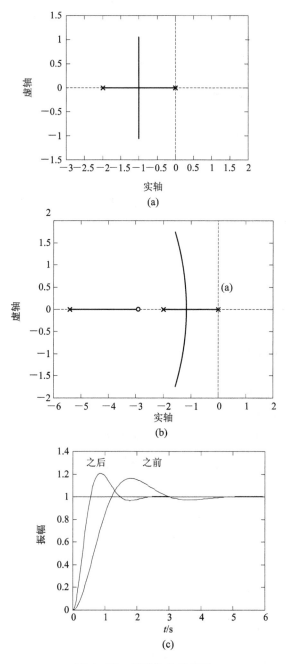

(a)

(b)

(c)

图 4 - 57　系统的仿真结果

(a) 原系统根轨迹；(b) 校正后系统的根轨迹；(c) 阶跃响应曲线

【例 4.58】 已知单位负反馈系统对象的开环传递函数为

$$G(s) = k_0 \frac{2500}{s(s+25)}$$

要求 $\sigma_p < 15\%$，$t_s < 0.3\ s$，$e_{ssv} < 0.01$（单位斜坡响应稳态误差），试用根轨迹法作积分滞后校正。

解 （1）确定静态误差系数 k_0。对于 I 型系统，有 $e_{ssv} = \frac{v_0}{k_v} = \frac{1}{k_v} \leqslant 0.01$，故有 $k_v \geqslant 100$，

取 $k_v = 100$，同时，对于 I 型系统又有：$k_v = \lim\limits_{s \to 0} s \cdot \frac{2500 \cdot k_0}{s(s+25)} = 100$，则有 $k_0 = 1$。

（2）绘制未校正系统的根轨迹。

n1＝［2500］；

d1＝conv（［1 0］，［1 25］）；

s1＝tf（n1，d1）；

rlocus（s1）；

从图 4－58(a)可以看出系统只有两个极点，没有零点。

（3）确定系统希望的极点位置。由下列程序计算得：

sigma＝0.15；

zeta＝((log(1/sigma))^2/((pi)^2＋(log(1/sigma))^2))^(1/2)；

zeta＝0.5169

即 $\xi \geqslant 0.5169$，取 $\xi = 0.54$，

wn＝7.4；

p＝［1 2＊wn＊zeta wn＊wn］；

roots(p)

从而确定希望的极点为：

$\quad$ $-3.9960 + 6.2283j \quad -3.9960 \quad -6.2283j$

（4）校正后的系统结构。由理论分析可以确定校正装置为

$$G_c(s) = \frac{0.2143s + 0.134}{s + 0.134}$$

利用下面的程序可以画出校正后系统的根轨迹如图 4－58(b)所示。

n1＝［2500］；n2＝［0.2143 0.134］；n3＝［1］；

d1＝［1 25］；d2＝［1 0］；d3＝［1 0.134］；

n＝conv(n1,conv(n2,n3))；

d＝conv(d1,conv(d2,d3))；

rlocus(n,d)；

［nc,dc］＝cloop(n,d,－1)；

step(nc,dc)；

校正后系统的阶跃响应如图 4－58(c)所示。

从图上可以看出，要求的指标基本都得到满足。

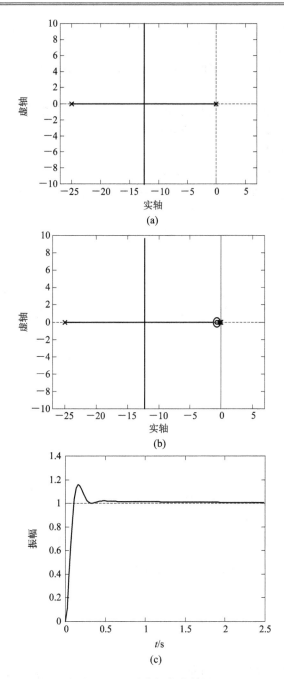

图 4 - 58　系统的仿真结果

（a）校正前系统的根轨迹；（b）校正后系统的根轨迹；（c）校正后系统的阶跃响应

4.5.3　基于波特图的校正方法

频域法校正即是借助波特图进行校正。当系统动态性能不能满足要求时，仅通过改变开环增益 K 来改善其动态性能，其结果往往是动态性能得到提高，而静态性能却降低了，以致于不能满足品质指标的要求。若改变开环增益 K 常常不能使静态、动态指标都满足要求，则必须对系统进行校正。

为使系统既有较好的稳态性能，又有一定的稳定裕量，则可通过两个办法来实现：

其一以满足系统稳态性能指标的开环增益为基础，对系统波特图在剪切频率附近提供一个相位超前量，使之达到动态相角稳定裕量的要求，而保持低频部分不变。这个办法即是相位超前校正。

其二仍以满足系统稳态性能指标的开环增益为基础，对系统波特图保持低频段不变，将其中频与高频段的模值加以衰减，使之在中频段的特定点处，达到满足动态相角稳定裕量的要求。这个办法即是相位滞后校正。

基于传递函数的频率特性，其图形化重要的可见形式之一就是波特图。波特图法是频域设计中最常用的，这类方法主要分为超前校正设计、滞后校正设计以及两者的综合设计等三种方法。

【例 4.59】 已知某系统的开环传递函数为

$$G(s) = \frac{K}{s(s+1)}$$

要求：(1) $r(t)=t$ 时，$e_{ss}<0.1$ 弧度；(2) $\omega_c \geqslant 4.4$ rad/s，$\gamma_c \geqslant 45°$。用频率法设计超前校正装置。为了满足稳态性能，令 $K=10$，作开环系统的波特图如图 4-59(a)所示。

执行下列程序：

```
clc
clear all
figure(1)
n1＝[10];
d1＝[1 1 0];
bode(n1,d1);
hold on
[gm,pm,wg,wp]＝margin(n1,d1);
[gm,pm,wg,wp]＝ Inf 17.9642 NaN 3.0842
```

可以得到相位裕度为：$\gamma_c=17.9642°<45°$，开环截止频率 $\omega_c=3.0842$。设计校正装置为：$G_c(s) = \dfrac{0.45s+1}{0.11s+1}$，该装置的波特图如图 4-59(b)所示。

```
nc＝[0.45 1];
dc＝[0.11 1];
bode(nc,dc);
```

校正后系统的开环传递函数为：$G_c(s)G_0(s) = \dfrac{0.45s+1}{0.11s+1} \cdot \dfrac{10}{s(s+1)}$，校正后系统的波特图如图 4-59(b)所示。

```
n2＝conv(n1,nc);
d2＝conv(d1,dc);
bode(n2,d2);
hold on
[gm,pm,wg,wp]＝margin(n2,d2)
[gm,pm,wg,wp]＝ Inf 50.1314 NaN 4.4186
```

此时，系统的相角裕度为 $\gamma_c = 50.1314°$，开环截止频率为：4.4186，满足了设计要求。因此，加入校正环节后，改善了系统的平稳性和系统的快速性。系统的时域响应如图 4 - 59 (c)所示。其中左图为原系统的阶跃响应曲线，右图是校正后系统的阶跃响应曲线。

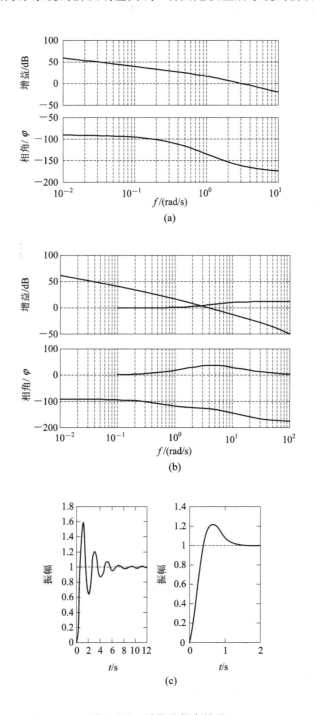

图 4 - 59　系统的仿真结果

（a）校正前的波特图；（b）校正后的波特图；（c）校正前后系统的阶跃响应曲线

【**例 4.60**】 已知某系统的开环传递函数为

$$G(s) = \frac{K}{s(0.1s+1)(0.2s+1)}$$

要求：(1) $k_v \geqslant 30°$；(2) $\omega_c \geqslant 2$ rad/s，$\gamma_c \geqslant 45°$。用频率法设计滞后校正装置。为了满足稳态性能，令 $K=30$，作开环系统的波特图如图 4-60(a)所示。

执行下面的程序：

```
clc
clear all
figure(1)
n1=[30];
d1=conv([1 0],conv([0.1 1],[0.2 1]));
bode(n1,d1);
[gm,pm,wg,wp]=margin(n1,d1)
figure(2)
nc=[4 1];
dc=[50 1];
bode(nc,dc);
hold on
n2=conv(n1,nc);
d2=conv(d1,dc);
bode(n2,d2);
%hold on
[gm,pm,wg,wp]=margin(n2,d2)
figure(3)
[nc1,dc1]=cloop(n1,d1);
[nc2,dc2]=cloop(n2,d2);
subplot(121);
step(nc1,dc1);
subplot(122);
step(nc2,dc2);
```

设计滞后校正装置为：$G_c(s) = \dfrac{4s+1}{50s+1}$，该装置的波特图如图 4-60(b)所示。校正后系统的开环传递函数为：$G_c(s)G_0(s) = \dfrac{4s+1}{50s+1} \cdot \dfrac{30}{s(0.1s+1)(0.2s+1)}$，校正环节及校正后系统的波特图如图 4-60(b)所示。

校正后系统的指标为：

[gm,pm,wg,wp]= 5.8182 48.2960 6.8228 2.1664

即相位裕度是 $\gamma_c = 48.2960°$，开环截止频率是 2.1664，满足设计要求。

系统的时域响应如图 4-60(c)所示。从这个图也可以看出，原系统是不稳定的。

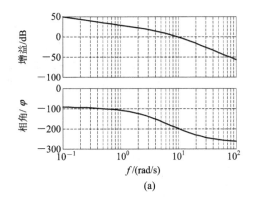

(a)

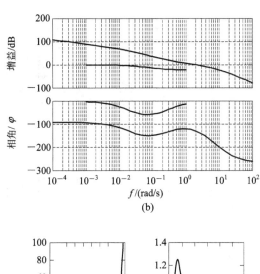

(b)

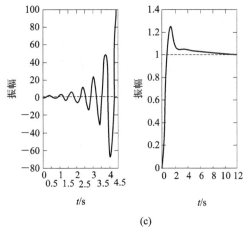

(c)

图 4 - 60　系统的仿真结果

（a）校正前系统的波特图；（b）校正后系统的波特图；（c）校正前后系统的阶跃响应

【例 4.61】　已知某系统的开环传递函数为

$$G(s) = \frac{K}{s(s+1)(0.5s+1)}$$

试设计超前滞后校正装置，使系统满足下列指标要求：（1）$k_v = 10$ ；（2）$k_g \geqslant 7$ dB，$\gamma_c \geqslant 45°$。为了满足稳态性能，令 $K = 10$，作开环系统的波特图如图 4 - 61(a)所示。

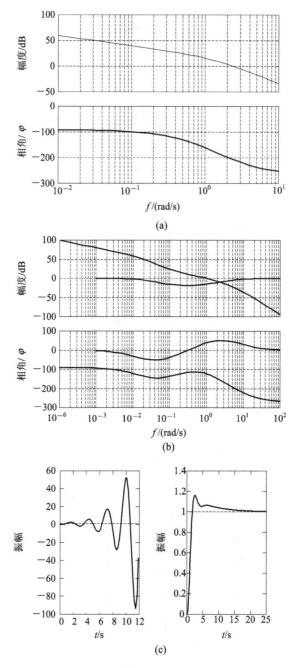

图 4-61　系统的仿真结果

（a）校正前的波特图；（b）校正后的波特图；（c）校正前后系统的阶跃响应

执行下面的程序：

```
clc
clear all
figure(1)
n1=[10];
d1=conv([1 0],conv([1 1],[0.5 1]));
```

```
bode(n1,d1);
[gm,pm,wg,wp]=margin(n1,d1)
figure(2)
nc=conv([7.14 1],[1.43 1]);
dc=conv([71.4 1],[0.143 1]);
bode(nc,dc);
hold on
n2=conv(n1,nc);
d2=conv(d1,dc);
bode(n2,d2);
%hold on
[gm,pm,wg,wp]=margin(n2,d2)
figure(3)
[nc1,dc1]=cloop(n1,d1);
[nc2,dc2]=cloop(n2,d2);
subplot(121);
step(nc1,dc1);
subplot(122);
step(nc2,dc2);
```

运行后得到如图 4 – 61(b)、(c)所示曲线。

设计滞后超前校正装置为

$$G_c(s) = \frac{(7.14s+1)(1.43s+1)}{(71.4s+1)(0.143s+1)}$$

【例 4.62】 已知某系统如图 4 – 62(a)所示，试设计反馈校正装置 $H(s)$，使系统满足下列指标要求：(1) $k_v=100$，(2) $\sigma \leqslant 23\%$，(3) $t_s \leqslant 0.6$ s。绘制校正前后系统的波特图和单位阶跃响应曲线。

为了满足稳态性能，令 $K=100$，则系统的开环传递函数为

$$G_0(s) = \frac{100}{s(0.1s+1)(0.0067s+1)}$$

作开环系统的波特图，从图 4 – 62(a)可以知道相角裕度为 $\gamma_c=6.3$ 等，根据系统要求的指标，经过理论计算，可以得到期望的校正后系统的开环传递函数为

$$G_a(s) = \frac{100\left(\dfrac{1}{5}s+1\right)}{s\left(\dfrac{1}{0.6}s+1\right)(0.0067s+1)\left(\dfrac{1}{83}s+1\right)}$$

为了确定 $H(s)$，可将原系统化为图 4 – 62(b)所示结构图。

从而，可以得到校正装置 $H(s) = \dfrac{0.0167s+1}{0.2s+1}$。

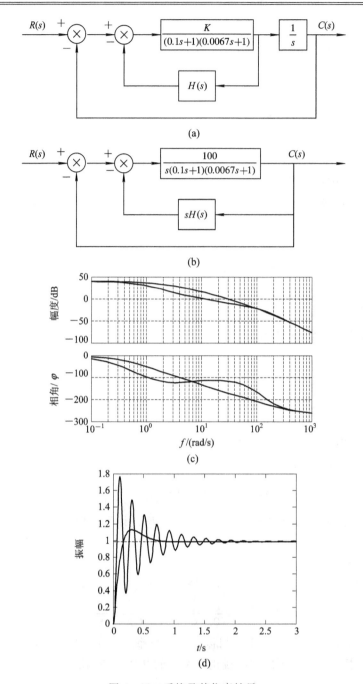

图 4-62　系统及其仿真结果

（a）系统框图；（b）等效结构图；（c）波特图；（d）阶跃响应曲线

执行下面的程序：

```
clc
clear all
G01=tf(100,conv([0.1 1],[0.0067 1]));
G02=tf(1,[1 1]);
```

```
H=tf([0.0167 0],[0.2 1]);
G0=G01 * G02;
Ga=feedback(G01,H);
G=Ga * G02;
figure(1)
bode(G0,G);
T0=feedback(G0,1);
T=feedback(G,1);
figure(2)
step(T0,T);
```

从图 4 - 62(c)、(d)可以知道，超调和调节时间的指标都得到了满足。

4.5.4 基于状态反馈的系统校正方法

1. 状态反馈的极点配置法

闭环系统的性能取决于闭环系统的极点分布，所谓极点配置法就是通过状态反馈将系统的闭环极点设置到期望的极点位置，从而使闭环系统的特性满足要求，基于状态反馈的极点配置法利用的是系统的状态空间模型。

即若受控系统的状态空间方程为

$$\dot{x}(t) = Ax(t) + Bu(t)$$
$$y(t) = Cx(t) + Du(t)$$

通过引入状态反馈矩阵 K 使该系统变为：

$$\begin{cases} \dot{x}(t) = (A - BK)x(t) + Br(t) \\ y(t) = (C - DK)x(t) + Dr(t) \end{cases}$$

简写为

$$\{A - BK, \ B, \ C - DK, \ D\}$$

极点配置是通过计算选择状态反馈矩阵 K，使得闭环控制系统 $\{A-BK, B, C-DK, D\}$ 的极点(即 $\{A-BK\}$ 的特征值)正好处于所希望的一组极点的位置上。即令

$$\det[sI - (A - BK)] = \prod_{i=1}^{n} (s - \lambda_i)$$

式中，$\lambda_i (i=1, 2, \cdots, n)$ 为希望的一组闭环极点。

用状态反馈实现闭环极点任意配置的充分必要条件是受控系统的状态要完全可控。状态反馈不改变系统的零点，只改变系统的极点。在引入状态反馈后，系统的可控性不会改变，但可观测性不一定与原系统一致。对于单输入系统，只要系统可控，则必能通过状态反馈实现闭环极点的任意配置，而且不影响系统零点的分布。

【例 4.63】 已知某系统的传递函数为

$$G(s) = \frac{1}{s^3 + 18s^2 + 72s}$$

希望极点为 $\lambda_1 = -10$，$\lambda_{2,3} = -2 \pm j2$，试设计状态反馈矩阵 K。

```
n=[1];
d=[1 18 72 0];
[a,b,c,d]=tf2ss(n,d)
rank(ctrb(a,b))
```
运行结果为

a =

$$\begin{matrix} -18 & -72 & 0 \\ 1 & 0 & 0 \\ 0 & 1 & 0 \end{matrix}$$

b =

$$\begin{matrix} 1 \\ 0 \\ 0 \end{matrix}$$

c =

$$\begin{matrix} 0 & 0 & 1 \end{matrix}$$

d =

0

ans =

3

系统满秩，说明系统状态是完全能控的，可以通过状态反馈进行极点配置。

下面分别用非奇异变换法和 Ackermann 法进行极点配置。

（1）非奇异变换法：

```
clc
clear all
n=[1];
d=[1 18 72 0];
[a,b,c,d]=tf2ss(n,d);
ay=poly(a)                        %计算原系统的特征多项式
as=poly([-10,-2+2j,-2-2j])        %计算配置极点的特征多项式
acom=[72 18 1;18 1 0;1 0 0];      %计算变换矩阵
t=ctrb(a,b)*acom;
k=[as(4)-ay(4),as(3)-ay(3),as(3)-ay(3)]*inv(t);
```
运行结果：

ay =

$$\begin{matrix} 1 & 18 & 72 & 0 \end{matrix}$$

as =

$$\begin{matrix} 1 & 14 & 48 & 80 \end{matrix}$$

>> k

k =

$$\begin{matrix} -24 & -24 & 80 \end{matrix}$$

（2）Ackermann 法：

```
clc
clear all
n＝[1];
d＝[1 18 72 0];
[a,b,c,d]＝tf2ss(n,d);
%ay＝poly(a)                    %计算原系统的特征多项式
as＝poly([−10,−2+2i,−2−2i])     %计算配置极点的特征多项式
hemil＝polyvalm(as,a)
k＝[0 0 1]∗inv(ctrb(a,b))∗hemil;
```

运行结果：

```
as ＝
        1    14    48    80
hemil ＝
      −496   −3456      0
        48     368      0
        −4     −24     80
>>k
k ＝
      −4    −24    80
```

2. 二次型最优控制问题

线性二次型最优控制设计是基于状态空间技术设计一个优化的动态控制器，其目标函数是对象状态和控制输入的二次型函数。二次型问题就是在线性系统约束条件下，选择控制输入使二次型目标函数达到最小。

线性二次型最优控制一般包括两个方面的问题，即线性二次型最优控制（LQ 问题），针对具有状态反馈的线性最优控制系统；线性二次型高斯最优控制问题（LQG 问题），一般针对具有系统噪声和测量噪声的系统，采用卡尔曼滤波器观测系统的状态。

已知系统方程

$$\dot{x} = Ax + Bu$$

确定最优控制向量：$u(t) = -Kx(t)$ 的矩阵 K，使得性能指标

$$J = \int_0^\infty (x^H Qx + u^H Ru)\mathrm{d}t$$

达到极小。式中 Q 是正定（或正半定）Hermite 或实对称矩阵，R 是正定 Hermite 或实对称矩阵。矩阵 Q 和 R 确定了误差和能量损耗的相对重要性。在此，假设控制向量 $u(t)$ 是不受约束的。

在 MATLAB 中，命令 lqr(A, B, Q, R) 可解连续时间的线性二次型调节器问题，并可解与其有关的黎卡提方程。该命令可计算最优反馈增益矩阵 K，并且产生使性能指标：

$$J = \int_0^\infty (x'Qx + u'Ru)\mathrm{d}t$$

在约束方程 $\dot{x} = Ax + Bu$ 条件下达到极小的反馈控制律：$u = -Kx$。

另一个命令：$[K,P,E]=lqr(A,B,Q,R)$也可计算相关的矩阵黎卡提方程：

$$0 = PA + A^H P - PBRB^H P + Q$$

的唯一正定解 P。如果 $A-BK$ 为稳定矩阵，则总存在这样的正定矩阵。利用这个命令能求闭环极点或 $A-BK$ 的特征值。

【例 4.64】 已知某控制系统的开环传递函数为

$$G(s) = \frac{10}{(0.1s^2 + 0.2s + 1)s}$$

试考察原系统的性能，并用线性二次型最优控制方法设计状态反馈控制律。

执行下面的程序：

```
clc
clear all
n1=[1 0];
d1=[0.1 0.2 1 0];
[gm,pm,wg,wp]=margin(n1,d1)
gm=0
pm=0
wg=NaN
wp=NaN
```

从上述程序的执行结果可以知道。该系统是不稳定的。

```
%lm=20*log(gm)
```

设计线性二次型控制律如下：

```
[a,b,c,d]=tf2ss(n1,d1);
q=eye(size(a))
r=1;
[k,p,e]=lqr(a,b,q,r);
q=
    1    0    0
    0    1    0
    0    0    1
k=
    0.3588    0.2819    1.0000
p=
    0.3588    0.2819    1.0000
    0.2819    3.2527    2.3588
    1.0000    2.3588    10.2819
e=
    -1.1297+2.9633j
    -1.1297-2.9633j
    -0.0994
```

状态加权矩阵 Q 取单位矩阵，即各状态加权值相等时，系统有一个慢变单极点。

```
q(3,3)=1;
[k,p,e]=lqr(a,b,q,r)
aa=a-b*k;
[y,x,t]=step(aa,b,c,d);
subplot(221);
plot(t,y,'b');
title('q(3,3)=1');
q(3,3)=10;
[k,p,e]=lqr(a,b,q,r)
aa=a-b*k;
[y,x,t]=step(aa,b,c,d);
subplot(222);
plot(t,y,'b');
title('q(3,3)=10');
q(3,3)=100;
[k,p,e]=lqr(a,b,q,r)
aa=a-b*k;
[y,x,t]=step(aa,b,c,d);
subplot(223);
plot(t,y,'b');
title('q(3,3)=100');
q(3,3)=200;
[k,p,e]=lqr(a,b,q,r)
aa=a-b*k;
[y,x,t]=step(aa,b,c,d);
subplot(224);
plot(t,y,'b');
title('q(3,3)=200');
```

q(3,3)=200 时的 K 值：

```
k =
    1.6984    4.3390    14.1421
p =
    1.6984    4.3390    14.1421
    4.3390    18.8885    52.3028
    14.1421    52.3028    202.7834
```

q(3,3)=200 时的特征值：

```
e =
    -1.2219 + 3.1273j
```

$$-1.2219 - 3.1273j$$
$$-1.2545$$

不同 Q 值时系统的阶跃响应曲线如图 4-63 所示，从该图可以看出，随着 Q 值的增大，系统的响应速度明显加快。

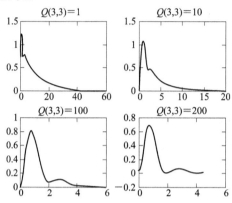

图 4-63　系统的仿真结果

练　习　题

1.设系统特征方程为 $s^3+2s^2+s+2=0$，试问该系统是否渐近稳定。

2.设单位反馈系统的开环传递函数分别为

(1)　$G_1(s)=\dfrac{K'(s+1)}{s(s-1)(s+5)}$；

(2)　$G_2(s)=\dfrac{K'}{s(s-1)(s+5)}$。

试确定使闭环系统稳定的开环增益 K 的数值范围（注意，$K\neq K'$）。

3.试分析如题 3 图所示系统的稳定性。

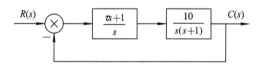

题 3 图

4.设系统特征方程如下，试确定使系统稳定的 K 的取值范围。

(1)　$s^3+3Ks^2+(K+2)s+4=0$；

(2)　$s^4+4s^3+13Ks^2+36s+K=0$；

(3)　$s^4+20Ks^3+5s^2+10s+15=0$。

5.已知单位反馈控制系统的开环传递函数如下，试分别求出当输入信号为 $1(t)$、t 和 t^2 时，系统的稳态误差 e_{ssp}、e_{ssv}、e_{ssa}。

(1)　$G(s)=\dfrac{7(s+1)}{s(s+4)(s^2+2s+2)}$，

（2）　$G(s) = \dfrac{8(0.5s+1)}{s^2(0.1s+1)}$。

6. 设单位反馈系统的开环传递函数

$$G(s) = \frac{100}{s(0.1s+1)}$$

试求当输入信号 $r(t) = 1 + 2t + t^2$ 时，系统的稳态误差。

7. 设单位反馈系统的开环传递函数为

$$G(s) = \frac{K'(s+2)}{(s+3)(s^2+2s+2)}$$

试绘制 K' 从 $-\infty \to \infty$ 时系统的闭环根轨迹图，并确定无超调时 K' 的范围。

8. 已知系统开环传递函数为

$$G(s)H(s) = \frac{K'(s^2+2s+4)}{s(s+4)(s+6)(s^2+1.4s+1)}$$

试概略绘制系统的根轨迹图，并由此确定系统稳定时 K' 的范围。

10. 有一单位反馈系统的开环传递函数为

$$G(s) = \frac{K}{(s+1)(s+2)(s+3)}$$

试用奈奎斯特稳定判据，求取闭环特征根全部位于 $s = -1$ 左边的 K 值范围。

11. 已知下列一组开环传递函数 $G_1(s)$、$G_2(s)$、$G_3(s)$ 及其相应的幅相频率特性，试用奈奎斯特稳定判据判别其闭环系统的稳定性。

$$G_1(s) = \frac{5}{s(1+0.1s)(1+0.01s)};$$

$$G_2(s) = \frac{-1.25}{(1-0.5s)(1+0.01s)};$$

$$G_3(s) = \frac{2500(1+2s)(1+0.025s)}{s^2(1-0.1s)(1-0.25s)(1+0.025s)}$$

12. 已知系统的开环传递函数为

$$G(s)H(s) = \frac{K}{s^2(T_1s+1)}$$

试画出极坐标图并用奈奎斯特稳定判据分析该系统的稳定性。

13. 一个系统，在开环状态下的传递函数为

$$G_k(s) = \frac{K(\tau s+1)}{s(T_1^2 s^2 + 2\xi T_1 s + 1)(T_2 s - 1)}$$

欲使该系统在闭环状态下是稳定的，试根据奈奎斯特判据画出它的幅相特性。

14. 给定系统如题 14 图所示，要求性能指标为：

（1）系统的剪切频率 $\omega_c = 501 \text{ rad/s}$，相位裕度 $\gamma_c = +45°$；

（2）响应 $r(t) = 10t^2$ 的稳态误差 $e_{ss}(t) \leqslant 0.025 \text{ rad/s}$，试综合校正装置的结构参数。

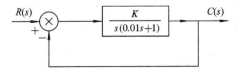

题 14 图

15. 单位反馈二阶系统开环传递函数为

$$G(s) = \frac{1}{s(0.1s+1)}$$

试设计一串联校正装置 $G_c(s)$，使其满足性能指标：（1）系统是稳定的；（2）当输入 $r(t)=t$ 时，系统无稳态误差。

16. 已知单位反馈控制系统的开环传递函数为

$$G_k(s) = \frac{K}{s(0.1s+1)}$$

试确定超前校正网络的传递函数和 $G_k(s)$ 的未定义参数使得串联超前校正后系统满足：静态速度误差系数 $k_v=100$；相角稳定裕量 $\gamma_c \geqslant 55°$；幅值稳定裕量 $M_L \geqslant 10$ dB；系统波特图的幅值穿越频率 $\omega_c \leqslant 80$ rad/s。

17. 某单位负反馈系统的开环传递函数为

$$G(s) = \frac{1}{\left(\frac{1}{3.6}s+1\right)(0.01s+1)}$$

要使系统的静态速度误差系数 $k_v=10$，相位裕度 $\gamma_c \geqslant 25°$。试设计一个最简单形式的校正装置（其传递函数用 $G_c(s)$ 表示）以满足性能指标。

18. 系统框图如题 18 图所示，若要求稳态速度误差系数 $k_v \geqslant 10$，剪切频率 $\omega_c \geqslant 1$ rad/s，相角稳定裕度 $\gamma_c=40°$。试设计滞后和超前校正装置。

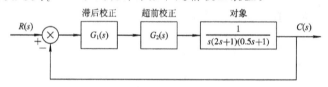

题 18 图

19. 系统的开环传递函数为

$$G(s) = \frac{10}{(s+1)(s+30)}$$

系统的静态速度误差系数为 $k_v=100$，相角裕量 $\gamma_c=30°$。设计一个最简单的校正装置（求出其传递函数及参数）以满足品质指标。

20. 控制系统如题 20 图所示，要求的性能指标是：

（1）在斜坡输入信号下 $r(t)=t$ $(t \geqslant 0)$ 的作用下系统的稳态误差 $e_{ss} \leqslant 0.01$；

（2）开环对数幅频特性与 0 分贝线的交点 $\omega_c \geqslant 10$ rad/s；

（3）系统的相位裕度 $\gamma_c > 40°$。

试根据上述要求设计一并联环节，要求写出所设计的系统开环放大倍数 K 的值及并联校正环节传递函数的形式和参数。

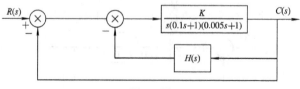

题 20 图

第 5 章　控制系统仿真实验

　　为配合课程的学习，本章设计了 22 个基本实验，内容涉及到对 MATLAB 的了解，控制系统的时间响应分析，控制系统的变换域分析，控制系统的校正。部分在前面课文中没有出现的内容如离散系统的分析，非线性系统的分析等通过实验的形式给出，读者可以根据自己的实际情况选择实验。

5.1　MATLAB 平台认识实验

一、实验目的

（1）了解 MATLAB 语言环境。
（2）练习 MATLAB 命令的基本操作。
（3）练习 M 文件的基本操作。

二、实验内容

1. 学习了解 MATLAB 语言环境

（1）MATLAB 语言操作界面。开机执行程序：

C:\matlab\bin\matlab. exe

（或用鼠标双击图标）即可进入 MATLAB 命令窗口："Command Window"，如图 5 - 1 所示在命令提示符位置键入命令，完成下述练习。

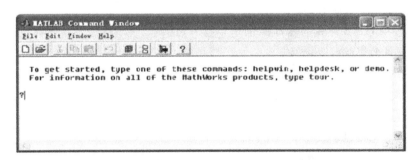

图 5 - 1　MATLAB 命令窗口

　　（2）练习 DOS 的相似命令。MATLAB 语言与 DOS 操作系统有如下常用相似命令，在操作界面上练习这些命令：

　　　　dir　　　dir c:\matlab\toolbox

```
type        type anyprogram. m
cd          cd.  cd toolbox
```

（3）变量查询。变量查询命令有 who，whos，查询变量并作记录。

（4）目录与目录树结构。目录项显示命令 dir 用于查询当前目录项。

（5）路径函数与搜索路径。

```
path        路径函数
which       文件定位
```

路径函数 path 列出了 MATLAB 自动搜索路径清单，执行该命令：path（path. 'newpath'）可以在搜索路径清单中增加新的路径项，练习该命令。

（6）联机帮助。

键入

```
help help
```

阅读 help 函数的使用说明。键入 help，列出 help 项。

查询前面使用过的命令   help who   help path

阅读上述函数的功能、使用格式等。

（7）字符串查询。

键入

```
help lookfor
```

阅读 MATLAB 函数 lookfor 的功能与使用方法，并使用该命令查询相应的关键词字符串。

（8）MATLAB 语言演示。

键入

```
into
```

阅读 MATLAB 语言介绍，如矩阵输入、数值计算、曲线绘图等。尽量阅读命令平台上的注释内容，以便尽快了解 MATLAB 语言的应用。

键入

```
demo
```

MATLAB 语言功能演示。

2. 练习 MATLAB 命令的基本操作

（1）键入常数矩阵输入命令：

```
a＝[1 2 3]      a＝[1;2;3]
```

记录结果，比较显示结果有何不同：

```
b＝[1 2 5]      b＝[1 2 5];
```

记录结果，比较显示结果有何不同：

```
c＝a＊b        c＝a＊b'
```

记录结果，比较变量加"'"后的区别：

```
a＝[1 2 3；4 5 6；7 8 0]    a^2    a^0.5
```

记录显示结果。

（2）作循环命令程序：

　　makesum＝0;for i＝1;1;100; makesum＝makesum＋i;end
键入 makesum，按回车键，记录计算结果。

（3）分别执行下列命令：

　　a＝[1 2 3；4 5 6；7 8 0]

　　poly(a)

　　rank(a)

　　det(a)

　　trace(a)

　　inv(a)

　　eig(a)

观察、记录显示结果。使用联机帮助 help 查阅相应 M 函数的意义和函数格式，并做出记录。

3. 练习 M 文件的基本操作

打开 File 菜单，其中"Open M-file"用于打开 M 文件，"Run M-file"用于执行 M 文件。

注意：大部分 M 文件需要相应的数据才可以运行，此时命令平台上给出警告提示。例如，打开 plot.m 阅读绘图命令的功能以及变量格式。执行：penddemo.m，观察倒立摆控制系统的演示。

三、实验报告要求

按照上述步骤进行实验，并按实验记录完成实验报告。

5.2　MATLAB 绘图

一、实验目的

（1）学习 MATLAB 的各种二维绘图方法。

（2）学习 MATLAB 的三维绘图方法。

（3）MATLAB 的绘图修饰（多种绘图，图形注释，绘图颜色，色图矩阵）。

二、实验内容

在下面的实验操作中，认真记录每项操作的作用和目的。

1. 基本二维绘图

（1）向量绘图：

　　x＝0；2 * pi/100；2 * pi;

　　y1＝sin(2 * x);y2＝cos(2 * x);

　　plot(x,y1)

　　plot(x,y2)

```
plot(x,y1,x,y2)
```

保持作图：

```
plot(x,y1)：hold on；
plot(x,y2)：hold off；
```

矩阵作图：

```
plot('x',['y1' 'y2'])
```

设定颜色与线型

```
plot(x,y1,'c:', x, y2, 'wo')
```

多窗口绘图：

```
figure(1)；plot (x,y1)；
figure(2)；plot (x,y2)；
```

子图绘图：

```
subplot(221)；plot(x,y1)；
subplot(222)；plot(x,y2)；
subplot(223)；plot(x,y1,x,y1+y2)；
subplot(224)；plot(x,y2,x,y1-y2)；
```

复变函数绘图：

```
w=0.01：0.01：10
G=1./(1+2*w*i)；
subplot(121)；plot(G)；
subplot(122)；plot(real(G)；imag(G) )；
```

插值绘图：

```
x=0：2*pi/8：2*pi；y=sin(x)；
plot(x,y,'o')；hold on；
xi=0：2*pi/100：2*pi；
yi=spline(x,y,xi)；
plot(xi,yi,'m')；
```

反白绘图与绘图背景色设定：

```
whitebg
whitebg('b')
whitebg('k')
```

(2) 函数绘图：

```
fplot('sin', [04*pi])
f='sin (x)'；fplot(f,[04*pi])
fplot('sin(I/x)', [0.01 0.1], le-3)
fplot('[tan(x),sin(x),cos(x) ]', [-2*pi,2*pi,-2*pi,2*pi])
```

(3)符号函数快捷绘图：

```
f='exp(-0.5*x)*sin(x)'；
ezplot (f,[0,10])。
```

2. 多种二维绘图

（1）半对数绘图（频率特性绘图）：

　　w＝logspace(−1，1)；

　　g＝20 * log10(1./(1＋2 * w * i))；

　　p＝angle(1./(l＋2 * w * i)) * 180/Pi；

　　subp1(211)；

　　semilogx(w,g)；

　　grid；

　　subplot(212)；

　　semilogx(w, p)；

　　grid；

相频特性子图，半对数绘图，加网线。

（2）极坐标绘图：

　　t＝0:2 * pi/180:2 * pi；

　　mo＝cos(2 * t)；

　　polar(t, mo)。

（3）直方图：

　　t＝0:2 * pi/8:2 * pi；

　　y＝sin(t)；

　　bar(t, y)。

（4）离散棒图：

　　t＝0:2 * pi/8:2 * pi；

　　y＝sin(t)；

　　stem(t, y)。

（5）阶梯图：

　　t＝0:2 * pi/8:2 * pi；

　　y＝sin(t)；

　　stairs(t, y)。

（6）彗星绘图：

　　t＝−pi:pi/200:pi；

　　comet(t, ran(sin(t)−sin(tan(t))))。

3. 图形注释

y1＝dolve('D2u＋2 * Du＋10 * u＝0'，'Du(0)＝1, u(0)＝0'，','x')；

（1）暖色(hot)图：

　　peaks(2 0)；

　　axis ('off')

　　colormap(hot)；

　　colorbar('horiz')。

（2）光照修饰：

    surfl(peaks(20));

    colormap(gray);

    shading interp。

（3）表面修饰：

    subplot(131); peaks(20); shading flat;

    subplot(132); peaks(20); shading interp;

    subplot(133); peaks(20); shading faceted。

（4）透视与消隐：

    P＝peaks(30);

    subplot(121); mesh(P); hidden off;

    suhplot(122); mesh(P); hidden on。

（5）裁剪修饰：

    P＝peaks(30);

    P(20:23, 9:15)＝NaN * ones(4,7);

    subplot(121); meshz(P);

    subplot(122); meshc(P)。

（6）水线修饰：

    waterfall(peaks(20));

    colormap([100])。

（7）等高线修饰：

    contour(peaks(2 0), 6);

    contour3(peaks(20),10);

    clabel(contour(peaks(20), 4));

    clabel(contour3(peaks(20), 3)) 。

三、实验报告要求

按照上述步骤进行实验，并按实验记录完成实验报告。

5.3　控制系统的阶跃响应

一、实验目的

（1）学习控制系统的单位阶跃响应。

（2）记录单位阶跃响应曲线。

（3）掌握时间响应分析的一般方法。

二、实验步骤

1. 建立系统模型

在 MATLAB 命令窗口 L，以立即命令方式建立系统的传递函数：在 MATLAB 下，系统数学模型有多种描述方式，在实验中只用到多项式模型和零极点模型。

(1) 多项式模型：

$$G(s) = \frac{\text{num}(s)}{\text{den}(s)}$$

式中，num 表示分子多项式的系数，den 表示分母多项式的系数，以行向量的方式输入。

例如，程序为

num＝[0 1 3]；　　　　　　　　　　　%分子多项式系数
den＝[1 2 2 1]；　　　　　　　　　　%分母多项式系数
printsys(num,den)；　　　　　　　　　%构造传递函数 G(s)并显示

(2) 零极点模型：

$$G(s) = \frac{K \prod (s - z_j)}{\prod (s - p_i)}; \quad j = 1, 2, \cdots, m; \ i = 1, 2, \cdots, n$$

式中，K 为增益值，z_j 为第 j 个零点值，p_i 为第 i 个零点值。

例如，程序为

k＝2；　　　　　　　　　　　　　　　%赋增益值，标量
z＝[1]；　　　　　　　　　　　　　　%赋零点值，向量
p＝[－1 2 －3]；　　　　　　　　　　%赋极点值，向量
[num,den]＝zp2tf(z,p,k)；　　　　　　%零极点模型转换成多项式模型
printsys(num,den)；　　　　　　　　　%构造传递函数 G(s)并显示

2. 相关 MATLAB 函数

step(num,den)
step(num,den,t)
[y,x]＝step(num,den)

给定系统传递函数 G(s)的多项式模型，求系统的单位阶跃响应。

函数格式 1：给定 num，den，求系统的阶跃响应。时间向量 t 的范围自动设定。

函数格式 2：时间向量 t 的范围可以由人工给定（例如，t＝0：0.1：0）。

函数格式 3：返回变量格式。计算所得的输出 y、状态 x 及时间向量 t 返回至 MAT-LAB 命令窗口，不作图。

MATLAB 程序为

num＝[4]；
den＝[1 1 4]；
step(num, den)；

画出系统的单位阶跃响应曲线如图 5－2 所示。

利用函数 damp(den)，可以计算系统的闭环根、阻尼比、无阻尼振荡频率。

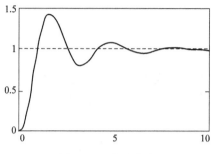

图 5-2 阶跃响应

三、实验内容

(1) 二阶系统为

$$G(s) = \frac{10}{s^2 + s + 4}$$

① 键入程序，观察并记录阶跃响应曲线。

② 键入 damp(den)，计算系统的闭环根、阻尼比、无阻尼振荡频率，并作记录键入。

[y, x, t]＝step(num, den)％；返回变量输出 y 与时间 t(变量 x 为状态变量矩阵)

[y,t]； ％；显示输出向量 y 与时间向量 t(t 为自动向量)

记录实际测取的峰值大小 $A_{max}(t_p)$，峰值时间 t_p、过渡时间 t_s，并与理论值相比较。

		实　际　值	理　论　值
峰值 $A_{max}(t_p)$			
峰值时间 t_p			
过渡时间 t_s	±％5		
	±％2		

(2) 修改参数，分别实现 $\zeta=1$ 和 $\zeta=2$ 的响应曲线，并作记录。程序为

n0＝10；d0＝[1 2 10]；step(n0, d0)　　　　％原系统 $\zeta=0.36$

hold on

n1＝n0；d1＝[1 6.32 10]；step(n1,d1)；$\zeta=1$

n2＝n0；d2＝[1 12.64 10]；step(n2,d2)；$\zeta=2$

修改参数，写出程序分别实现 $\omega_{n1} = \frac{1}{2}\omega_{n0}$ 和 $\omega_{n2} = 2\omega_{n0}$ 的响应曲线，并作记录（$\omega_{n0} = \sqrt{10}$）。

(3) 试作出以下系统的阶跃响应，并比较与原系统响应曲线的差别与特点，作出相应的实验分析结果。

① $G_1(s) = \frac{2s+10}{s^2+2s+10}$，有系统零点情况，即 $s=-5$；

② $G_2(s) = \frac{s^2+0.5s+10}{s^2+2s+10}$，分子、分母多项式阶数相等，即 $n=m=2$；

③ $G_3(s) = \frac{s^2+0.5s}{s^2+2s+10} + 10$，分子多项式零次项系数为零；

④ $G_4(s) = \dfrac{s}{s^2 + 2s + 10}$，原响应的微分，微分系数为 1/10。

（4）试作出一个三阶系统和一个四阶系统的阶跃响应，并分析实验结果。

四、实验报告要求

（1）分析系统的阻尼比和无阻尼振荡频率对系统阶跃响应的影响。

（2）分析响应曲线的零初值、非零初值与系统模型的关系。

（3）分析响应曲线的稳态值与系统模型的关系。

（4）分析系统零点对阶跃响应的影响。

5.4　控制系统的脉冲响应

一、实验目的

（1）学习控制系统的单位脉冲响应。

（2）记录时间响应曲线。

（3）掌握时间响应分析的一般方法。

二、实验步骤

（1）开机执行程序：

c:\matlab\bin\matlab.exe

（或用鼠标双击图标）进入 MATLAB 命令窗口："Command Window"。

（2）相关 MATLAB 函数：

impulse(num,den)

impulse(num,den,t)

[y,x]＝impulse(num,den)

给定系统传递函数 $G(s)$ 的多项式模型，求系统的单位脉冲响应。

函数格式 1：给定 num,den，求系统的单位脉冲响应,时间向量 t 的范围自动设定。

函数格式 2：时间向量 t 的范围可以由人工给定（例如，t＝0:0.1:1 0）。

函数格式 3：返回变量格式。计算所得的输出 y 、状态 x 及时间向量 t 返回至 MATLAB 命令窗口，不作图。更详细的命令说明，可键入"help impulse"在线帮助查阅。

例如某系统的传递函数为 $G(s) = \dfrac{s}{s^2 + s + 4}$。

利用如下的 MATLAB 程序：

num＝[4];

den＝[1 1 4];

impulse(num,den);

可以画出系统的单位脉冲响应曲线如图 5-3 所示。

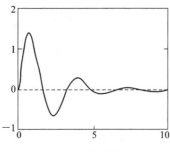

图 5-3 脉冲响应

三、实验内容

（1）二阶系统为

$$G(s) = \frac{10}{s^2 + 2s + 10}$$

① 键入程序，观察、记录脉冲响应曲线。

② 键入 damp(den)，计算系统的闭环根、阻尼比、无阻尼振荡频率，并作记录。键入 $[y, x, t]$＝impulse(num，den)；返回变量输出 y 与时间 t(变量 x 为状态变量矩阵)，$[y, t]$ 显示输出向量 y 与时间向量 t（t 为自动向量）。

记录实际测取的峰值大小 $A_{\max}(t_p)$，峰值时间 t_p，过渡时间 t_s，并与理论值相比较。

		实　际　值	理　论　值
峰值 $A_{\max}(t_p)$			
峰值时间 t_p			
过渡时间 t_s	$\pm \% 5$		
	$\pm \% 2$		

（2）修改参数，分别实现 $\zeta = 1$ 和 $\zeta = 2$ 的响应曲线，并作记录。程序为

```
n0＝10；d0＝[1 2 10]；impulse(n0，d0)          %原系统 ξ＝0.36
hold on                                    %保持原曲线
n1＝n0；d1＝[1 6.32 10]；impulse(n1,d1)        %ζ＝1
n2＝n0；d2＝[1 12.64 10]；impulse(n2,d2)       %ζ＝2
```

修改参数，写出程序，分别实现 $\omega_{n1} = \frac{1}{2}\omega_{n0}$ 和 $\omega_{n2} = 2\omega_{n0}$ 的响应曲线，并作记录（$\omega_{n0} = \sqrt{10}$）。

（3）试作出以下系统的脉冲响应，并比较与原系统响应曲线的差别与特点，作出相应的实验分析结果。

① $G_1(s) = \dfrac{2s+10}{s^2 + 2s + 10}$，有系统零点情况，即 $s = -5$；

② $G_2(s) = \dfrac{s^2 + 0.5s + 10}{s^2 + 2s + 10}$，分子、分母多项式阶数相等，即 $n = m$。

四、实验报告要求

(1) 分析系统的阻尼比和无阻尼振荡频率对系统脉冲响应的影响。

(2) 分析响应曲线的零初值、非零初值与系统模型的关系。

(3) 分析响应曲线的稳态值与系统模型的关系。

(4) 分析系统零点对脉冲响应的影响。

5.5 控制系统的根轨迹作图

一、实验目的

(1) 直观了解 LTI 系统的根轨迹分析法。

(2) 加深对连续 LTI 系统的根轨迹分析法的理解。

(3) 了解 MATLAB 相关函数的调用格式及作用。

(4) 加深对连续 LTI 系统的时域分析的基本原理与方法的理解和掌握。

二、知识提示

根轨迹法是分析和设计线性定常系统常用的图解方法之一，利用它可以了解和分析系统的性能，尤其是对系统进行定性的分析。

三、涉及的 MATLAB 函数

printsys(num，den，$'s'$)：显示或打印输出由 num 和 den 所确定的传递函数。

rlocus(num，den)：计算并画出由 num 和 den 所确定的系统的根轨迹。

四、实验内容与方法

1. 验证性实验

(1) 已知一个单位反馈系统的开环传递函数为

$$H(s) = \frac{K}{s^2(s^2 + 5s + 2)}$$

试绘制其根轨迹。

执行下面的程序：

num＝[1 1 0]；

den＝[1 5 2 0 0]；

printsys(num，den，$'s'$)；

rlocus(num，den)；

$$num/den = \frac{s^2 + s}{s^4 + 5s^3 + 2s^2}$$

系统的根轨迹如图 5-4 所示。

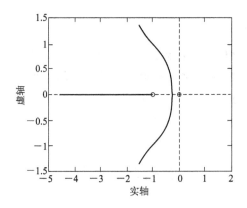

图 5 - 4 　系统的根轨迹

（2）已知一个单位反馈系统的开环传递函数为

$$H(s) = \frac{K(s+1)}{s(s-1)(s^2+4s+16)}$$

试绘制其根轨迹。

执行下面的程序：

num1＝[1 1]；

den1＝[1 −1 0]；

num2＝1；

den2＝[1 4 16]；

[num den]＝series(num1,den1,num2,den2)；

printsys(num,den,'s')；

rlocus(num,den)；

系统的根轨迹如图 5 - 5 所示。

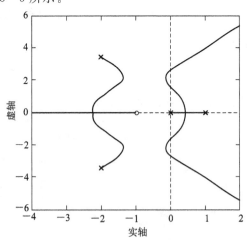

图 5 - 5 　系统的根轨迹

（3）已知一个单位反馈系统的开环传递函数为

$$H_1(s) = \frac{K}{s(s+1)}, \quad H_2(s) = \frac{K}{s(s+1)(s+2)}, \quad H_3(s) = \frac{K(s^2+3s+2.5)}{s(s+1)}$$

试分别绘制其根轨迹,并比较零极点对系统性能的影响。

执行下面的程序:

```
num1=[1];
den1=[1 1 0];
rlocus(num1,den1);
num2=1;
den2=[1 3 2 1];
figure;
rlocus(num2,den2);
num3=[1 3 2.5];
den3=den1;
figure;
rlocus(num3,den3);
```

其根轨迹分别如图 5 - 6、图 5 - 7 和图 5 - 8 所示。

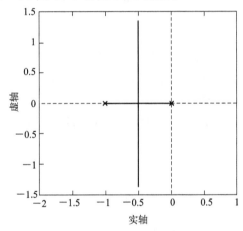

图 5 - 6 系统 1 的根轨迹

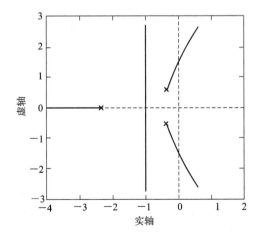

图 5 - 7 系统 2 的根轨迹

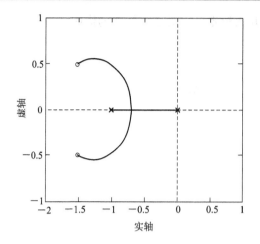

图 5-8　系统 3 的根轨迹

2. 程序设计实验

自己找相关例题，确定其根轨迹，并与理论分析结果进行比较。

五、实验要求

（1）在计算机中输入程序，验证实验结果，并将实验结果整理成电子文档，发给教师。

（2）对于程序设计实验，要求通过对验证性实验的练习，自行编制完整的实验程序，实现对信号的模拟，并得出实验结果。

（3）在实验报告中写出完整的自编程序，并给出实验结果。

六、思考题

比较解析法与计算法的特点。

5.6　控制系统的波特图

一、实验目的

（1）利用计算机作出开环系统的波特图。

（2）观察并记录控制系统的开环频率特性。

（3）控制系统的开环频率特性分析。

二、实验步骤

（1）开机执行程序：

c:\matlab\bin\matlab.exe

（或用鼠标双击图标）进入 MATLAB 命令窗口："Command Window"。

（2）相关 MATLAB 函数：

bode(num,den)

bode(num,den,w)

[mag,phase,w]＝bode(num,den)

给定系统开环传递函数 $G_0(s)$ 的多项式模型，作系统的波特图。其计算公式为

$$G_0(s) = \frac{num(s)}{den(s)}$$

式中，num 为开环传递函数 $G_0(s)$ 的分子多项式系数向量，den 为开环传递函数 $G_0(s)$ 的分母多项式系数向量。

函数格式 1：给定 num、den 作波特图，角频率向量 w 的范围自动设定。

函数格式 2：角频率向量 w 的范围可以由人工给定。（w 为对数等分，由对数等分函数 logspace() 完成，例如 w＝logspace(－1,1,100)。

函数格式 3：返回变量格式。计算所得的幅值 mag、相角 phase 及角频率 w 返回至 MATLAB 命令窗口，不作图。更详细的命令说明，可键入"help bode"在线帮助查阅。

例如，系统的开环传递函数

$$G_0(s) = \frac{10}{s^2 + 2s + 10}$$

作图程序为

num＝[10]；

den＝[1 2 10]；

bode(num,den)

w＝logspace(－1,1,32)；

bode(num,den,w)；

logspace(d1,d2,n)

将变量 w 作对数等分。命令中 d1、d2 为 $10^{d1} \sim 10^{d2}$ 之间的变量范围，n 为等分点数。

semilogx(x,y)

半对数绘图命令、函数格式与 plot() 相同。

例如，已知传递函数 $G_0(s) = \dfrac{10}{s^2 + 2s + 10}$ 作对数幅频特性。程序为

w＝logspace(－1,1,32)；　　　　　　　　%w 范围和点数 n

mag＝10./((i*w).－2+2.*(i*w)+10)；　　　%幅频特性

l＝20*log(abs(mag))；　　　　　　　　%对数幅频特性

semilogx(w,l)；　　　　　　　　　　%半对数作图

grid　　　　　　　　　　　　　　%画网格线

margin(num, den)

[Mg, Pc, wg, wc]＝margin(num, dcn)

函数格式 1：作波特图，计算波特图上的稳定裕度，并将计算结果表示在图的上方。

函数格式 2：返回变量格式，不作图。返回变量 Mg 为幅值裕度，Pc 为相位裕度，幅值裕度 Mg 对应的频率为 wg，相位裕度 Pc 对应的频率为 wc。

画出系统的幅频特性如图 5-9 所示。

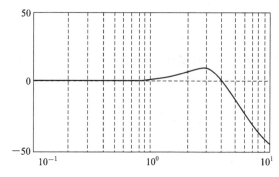

图 5 - 9　幅频特性

三、实验内容

(1)　$G(s) = \dfrac{1}{T^2 s^2 + 2\zeta T s + 1}$,　$\begin{cases} T = 0.1 \\ \zeta = 2,\ 1,\ 0.5,\ 0.1,\ 0.01 \end{cases}$

(2)　$G(s) = \dfrac{31.6}{s(0.01s + 1)(0.1s + 1)}$

要求:

① 作波特图,在曲线上标出:幅频特性,即低频段斜率、高频段斜率、开环截止频率、中频段穿越斜率和相频特性,即低频段渐近相位角、高频段渐近相位角、−180°线的穿越频率。

② 由稳定裕度命令计算系统的稳定裕度 Lg 和 Yc,并确定系统的稳定性。

③ 在图上作近似折线特性,与原准确特性相比较。

(3)　$G(s) = \dfrac{K(s + 1)}{s^2(0.1s + 1)}$

令 $K=1$ 作波特图,应用频域稳定判据确定系统的稳定性,并确定使系统获得最大相位裕度 Yc, max 的增益值 K 值。

(4) 已知系统结构图如图 5 - 10 所示(选做),分别令

$$G_c(s) = 1$$

$$G_c(s) = \frac{0.5s + 1}{0.1s + 1}$$

作波特图并保持(hold on)曲线,分别计算两个系统的稳定裕度值,然后作性能比较以及时域仿真验证。

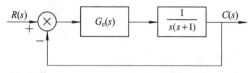

图 5 - 10　系统结构图

四、实验报告要求

(1) 记录给定系统与显示的波特图。

(2) 完成上述各题要求。

5.7　控制系统的极坐标图

一、实验目的

(1) 利用计算机作出开环系统的极坐标图。

(2) 极坐标图系统分析。

二、实验步骤

(1) 开机执行程序：

c:\matlab\bin\matlab.exe

(或用鼠标双击图标)进入 MATLAB 命令窗口："Command Window"。

(2) 相关 MATLAB 函数：

nyquist(num,den)

nyquist(num,den,w)

[re,im,w]=nyquist(num,den)

给定系统开环传递函数 $G_0(s)$ 的多项式模型，作系统的极坐标图(Nyquist)。其传递函数为

$$G_0(s) = \frac{\mathrm{num}(s)}{\mathrm{den}(s)}$$

式中，num 为开环传递函数 $G_0(s)$ 的分子多项式系数向量，den 为开环传递函数 $G_0(s)$ 的分母多项式系数向量。

函数格式 1：给定 num 和 den 作奈奎斯特图，如图 5-11 所示，角频率向量 w 的范围自动设定。

函数格式 2：角频率向量 w 的范围可以由人工给定(例如，w=1:0.1:100)。

函数格式 3：返回变量格式。计算所得的实部 Re、虚部 Im 及角频率 w，返回至 MATLAB 命令窗口，不作图。

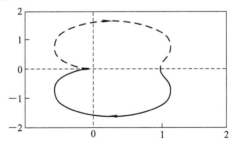

图 5-11　奈奎斯特图

例如，系统开环传递函数

$$G_0(s) = \frac{10}{s^2 + 2s + 10}$$

作图程序为

```
num＝[10];                       ％作多项式模型
den＝[12 10];
nyquist(num,den);               ％绘制极坐标图
```

如果作图趋势不明显，可以采用下述方法改进：

(1) 使用命令 axis()改变坐标显示范围：

```
axis([-1,1.5,-2,2])             ％改变坐标显示范围
```

(2) 给定角频率变量：

```
w＝0:0.1:100;
nyquist(num,den,w);
```

绘制极坐标图。

三、实验内容

$(1)\ G(s) = \dfrac{1}{s(Ts + 10)}$

要求：作极坐标图(如展示不清，可改变坐标显示范围或者设定角频率变量(w＝w1：△w：w))。

$(2)\ G(s) = \dfrac{K(T_1 s + 1)}{s(T_2 s + 1)},\ T_1 > T_2\ 或\ T_1 < T_2$

要求：

① 作极坐标图(可改变坐标显示范围或者设定角频率变量 w)。

② 比较 $T_1 > T_2$ 与 $T_1 < T_2$ 时两图的区别与特点。

四、实验报告要求

(1) 认真做好实验记录。

(2) 完成上述各题的给定要求。

5.8 连续系统的复频域分析

一、实验目的

(1) 了解连续系统的复频域分析的基本实现方法。

(2) 掌握相关函数的调用格式及作用。

二、实验原理

复频域分析法主要有两种分析方法，即留数法和直接的拉普拉斯变换法，利用MATLAB进行这两种分析的基本原理如下：

1. 基于留数函数的拉普拉斯变换法

设 LTI 系统的传递函数为

$$H(s) = \frac{B(s)}{A(s)}$$

若 $H(s)$ 的零极点分别为 r_1、$\cdots$、r_n 和 P_1、$\cdots$、P_n，则 $H(s)$ 可以表示为

$$H(s) = \frac{r_1}{s - P_1} + \frac{r_2}{s - P_2} + \cdots + \frac{r_n}{s - P_n} + \sum_{n=0}^{N} K_n S^n$$

利用 MATLAB 的 residue 函数可以求解 r_1、$\cdots$、r_n，P_1、$\cdots$、P_n。

2. 直接的拉普拉斯变换法

经典的拉普拉斯变换分析方法，即先从时域变换到复频域，在复频域处理后，又利用拉普拉斯反（逆）变换从复频域变换到时域，完成对时域问题的求解，涉及的函数有 laplace 函数和 ilaplace 函数等。

三、涉及的 MATLAB 函数

(1) residue 函数：

功能：按留数法，求部分分式展开系数。

调用格式：

[r,p,k]＝residue(num,den)

其中，num、den 分别是 B(s)、A(s) 多项式系数按降序排列的行向量。

(2) laplace 函数：

功能：用符号推理求解拉普拉斯变换。

调用格式：

L ＝ laplace(F) F

其中，为函数，默认为变量 t 的函数，返回 L 为 s 的函数。在调用该函数时，要用 syms 命令定义符号变量 t。

(3) ilaplace 函数：

功能：符号推理求解反拉普拉斯变换

调用格式：

L ＝ ilaplace(F)

(4) ezplot 函数：

功能：用符号型函数的绘图函数

调用格式：

ezplot(f)　　　　　　　　　　　　　　　　%f 为符号型函数

ezplot(f,[min,max])　　　　　　　　　　　%可指定横轴范围

ezplot(f,[xmin,xmax,ymin,ymax])　　　　　%可指定横轴范围和纵轴范围

ezplot(x, y) 绘制参数方程的图像，默认 x＝x(t)，y＝y(t)，0＜t＜2 * pi

(5) roots 函数：

功能：求多项式的根。

调用格式：

r＝roots(c)

其中，c 为多项式的系数向量（从高次到低次），r 为根向量，注意 MATLAB 默认根向量为

列向量。

四、实验内容与方法

1. 验证性实验

(1) 系统零极点的求解。

已知 $H(s) = \dfrac{u_o}{u_g} = \dfrac{s^2 - 1}{s^3 + 2s^2 + 3s + 2}$，画出 $H(s)$ 的零极点图。

MATLAB 程序如下：

```
clear；
b=[1,0,−1];                          %分子多项式系数
a=[1,2,3,2];                          %分母多项式系数
zs=roots(b);ps=roots(a);
plot(real(zs),image(zs),'go',real(ps), image(ps),'mx','markersize',12);
grid;legend('零点','极点');
```

系统的零极点分布如图 5 − 12 所示。

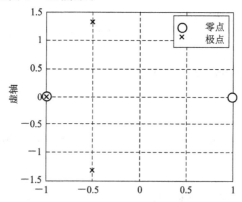

图 5 − 12　系统的零极点分布

也可直接调用零极点绘图函数画零极点图，但注意圆心的圆圈并非系统零点，而是该绘图函数自带的。MATLAB 程序如下：

```
clear all
b=[1,0,−1];              %分子多项式系数
a=[1,2,3,2];             %分母多项式系数
zplane(b,a);
legend('零点','极点');
```

系统的零极点分布如图 5 − 13 所示。

(2) 一个线性非时变电路的转移函数为

$$H(s) = \frac{u_o}{u_g} = \frac{10^4(s + 6000)}{s^2 + 875s + 88 \times 10^6}$$

若 $u_g = 12.5\cos(8000t)$ V，求 u_o 的稳态响应。

① 稳态滤波法求解。

MATLAB 程序如下：

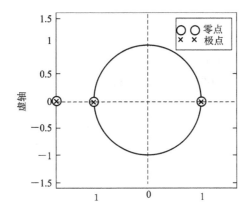

图 5 - 13　系统的零极点分布

w＝8000；

s＝j ＊ w；

num＝[0,1e4,6e7]；

den＝[1,875,88e6]；

h＝polyval(num,s)/polyval(den,s)；

mag＝abs(H)；

phase＝angle(H)/pi ＊ 180；

t＝2：1e－6：2.002；

vg＝12.5 ＊ cos(w ＊ t)；

vo＝12.5 ＊ mag ＊ cos(w ＊ t＋phase ＊ pi/180)；

plot(t,vg,t,vo),grid,

text(0.25,0.85,'输出电压','sc'),

text(0.07,0.35,'输入电压','sc'),

title('稳态滤波输出'),

ylabel('电压'),xlabel('时间(s)')；

系统的稳态响应如图 5 - 14 所示。

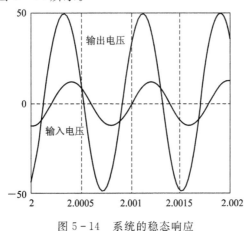

图 5 - 14　系统的稳态响应

② 拉普拉斯变换法求解。

MATLAB 程序如下：

```
syms s t;
hs＝sym('(10^4 * (s＋6000))/(s^2＋875 * s＋88 * 10^6)');
vs＝laplace(12.5 * cos(8000 * t)); vos＝hs * vs;
vo＝ilaplace(vos);
vo＝vpa(vo,4);                     %vo 表达式保留四位有效数字
ezplot(vo,[1,1＋5e－3]);hold on;    %仅显示稳态曲线
ezplot('12.5 * cos(8000 * t)',[1,1＋5e－3]);
axis([1,1＋2e－3,－50,50]);
```

系统的稳态响应如图 5－15 所示。

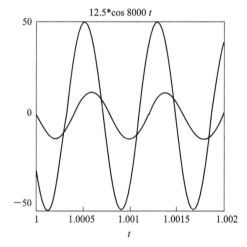

图 5－15　系统的稳态响应

（3）传递函数

$$I_L(s) = \frac{0.1/s}{\left(\dfrac{1}{400} + \dfrac{1}{0.001s} + \dfrac{s}{10^9}\right) \times 0.001s} = \frac{10^{11}}{s^3 + 2.5 \times 10^6 s^2 + 10^{12} s}$$

展开为部分分式，并求出 $i_L(t)$。

MATLAB 程序如下：

```
num＝[1e11]; den＝[1,2.5e6,1e12,0];
[r,p,k]＝residue(num, den)
```

运行结果如下：

```
r＝
    0.0333
   －0.1333
    0.1000
p＝
   －2000000
   －500000
    0
```

k＝

　　0

即 $I_L(s)$ 分解为

$$I_L(s) = \frac{0.0333}{s + 2 \times 10^6} - \frac{0.1333}{s + 5 \times 10^5} + \frac{0.1}{s}$$

$I_L(s)$ 的原函数为

$$i_L(t) = 0.1 + 3.335 \times 10^{-2} e^{-2 \times 10^6 t} - 1.334 \times 10^{-1} e^{-5 \times 10^5} t$$

2. 程序设计实验

（1）若某系统的传递函数为

$$H(s) = \frac{s + 2}{s^2 + 4s + 3}$$

试利用拉普拉斯变换法确定：

　　① 该系统的冲激响应。

　　② 该系统的阶跃响应。

　　③ 该系统对于输入为 $u_g = \cos(20t)u(t)$ 的零状态响应。

　　④ 该系统对于输入为 $u_g = e^{-t}u(t)$ 的零状态响应。

　　（2）若某系统的传递函数为

$$H(s) = \frac{2s^5 + s^3 - 3s^2 + s + 4}{5s^8 + 2s^7 - s^6 - 3s^5 + 5s^4 + 2s^3 - 4s^2 + 2s - 1}$$

试确定其零极点，并画出零极点分布图，再确定其阶跃响应。

　　（3）若某系统的微分方程为

$$y^{(2)}(t) + 5y^{(1)}(t) + 4y(t) = f(t)$$

求该系统在图 5-16 所示输入信号激励下的零状态响应。

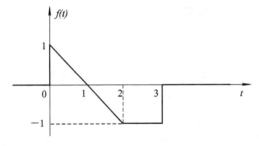

图 5-16　系统的输入信号

　　（4）若某系统的传递函数为

$$H(s) = \frac{1.65s^4 - 0.331s^3 - 576s^2 + 90.6s + 19080}{s^6 + 0.996s^5 + 463s^4 + 97.8s^3 + 12131s^2 + 8.11s}$$

试确定其零极点，并画出零极点分布图，再确定其冲激响应。

五、实验要求

（1）在计算机中输入程序，验证实验结果，并将实验结果存入指定存储区域。

（2）对于程序设计实验，要求通过对验证性实验的练习，自行编制完整的实验程序，实现对信号的模拟，并得出实验结果。

（3）在实验报告中写出完整的 MATLAB 程序，并给出实验结果。

六、思考题

（1）单边拉普拉斯变换的积分下限取 $\tilde{0}$ 比取 0 在计算上有何方便之处？

（2）$f_1(t)=\sin\omega_0 t$，$f_2(t)=u(t+2)\sin\omega_0 t$，$f_3(t)=u(t)\sin\omega_0 t$，三者的单边拉普拉斯变换有什么区别吗？

（3）什么类型的信号只存在拉普拉斯变换而不存在傅立叶变换？什么类型的信号，其拉普拉斯变换和傅立叶变换都存在？

（4）频域分析法和复频域分析法有什么区别？

（5）试从对输入信号分解的观点出发，说明系统响应在时域、频域和复频域分析的类同性。

（6）试总结说明，如何利用 $H(s)$ 的零极点分布来了解系统的时域与频域特性？

5.9　离散系统的 z 域分析

一、实验目的

（1）掌握离散时间信号 $\mathcal{Z}$ 变换和逆 $\mathcal{Z}$ 变换的实现方法及编程思想。

（2）掌握系统频率响应函数幅频和相频特性、系统函数的零极点图的绘制方法。

（3）了解函数 ztrans()、iztrans()、zplane()、dimpulse()、dstep()和 freqz()的调用格式及作用。

（4）了解利用零极点图判断系统稳定性的原理。

二、实验原理

离散系统的分析方法可分为时域解法和变换域解法两大类。其中离散系统变换域解法只有一种，即 $\mathcal{Z}$ 变换域解法。$\mathcal{Z}$ 变换域没有物理性质，它只是一种数学手段，之所以在离散系统的分析中引入 $\mathcal{Z}$ 变换的概念，就是要像在连续系统分析时引入拉普拉斯变换一样，简化分析方法和过程，为系统的分析研究提供一条新的途径。z 域分析法是把复指数信号 $e^{j\Omega k}$ 扩展为复指数信号 z^k，$z=re^{j\Omega}$，并以 z^k 为基本信号，把输入信号分解为基本信号 z^k 之和，则响应为基本信号 z^k 的响应之和。这种方法的数学描述称为 $\mathcal{Z}$ 变换及其逆变换。

三、涉及的 MATLAB 函数

（1）变换函数 ztrans()：

ztrans()可以实现信号 f(k)的（单边）$\mathcal{Z}$ 变换，调用格式为

F＝ztrans(f)：实现函数 f(n)的 $\mathcal{Z}$ 变换，默认返回函数 F 是关于 z 的函数。

F＝ztrans(f,w)：实现函数 f(n)的 $\mathcal{Z}$ 变换，返回函数 F 是关于 w 的函数。

F＝ztrans(f,k,w)：实现函数 f(k)的 $\mathcal{Z}$ 变换，返回函数 F 是关于 w 的函数。

（2）单边逆 $\mathscr{L}$ 变换函数 iztrans（）：

iztrans（）可以实现信号 F(z) 的逆 $\mathscr{L}$ 变换，调用格式为

f＝iztrans(F)：实现函数 F(z) 的逆 $\mathscr{L}$ 变换，默认返回函数 F 是关于 n 的函数。

f＝iztrans(F,k)：实现函数 F(z) 的逆 $\mathscr{L}$ 变换，返回函数 F 是关于 k 的函数。

f＝iztrans(F,w,k)：实现函数 F(w) 的逆 $\mathscr{L}$ 变换，返回函数 F 是关于 k 的函数。

（3）离散系统频率响应函数 freqz（）：

[H,w]＝freqz(B,A,N)：其中 B、A 分别是该离散系统函数的分子、分母多项式的系数向量，N 为正整数，返回向量 H 则包含了离散系统频率响应 $H(e^{j\theta})$ 在 $0\sim\pi$ 范围内 N 个频率等分点的值，向量 θ 为 $0\sim\pi$ 范围内的 N 个频率等分点。系统默认 $N=512$。

[H,w]＝freqz(B,A,N,'whole')：计算离散系统在 $0\sim2\pi$ 范围内 N 个频率等分点的频率响应 $H(e^{j\theta})$ 的值。

在调用完 freqz 函数之后，可以利用函数 abs（）和 angle（）以及 plot 命令，绘制出该系统的幅频特性和相频特性曲线。（事实上不带输出向量的 freqz 函数将自动绘制幅频和相频曲线。）

（4）零极点绘图函数 zplane（）：

zplane(Z,P)：以单位圆为参考圆绘制 Z 为零点列向量，P 为极点列向量的零极点图，若有重复点则在重复点右上角以数字标出重数。zplane(B,A) 中 B，A 分别是传递函数 $H(z)$ 按 z^{-1} 的升幂排列的分子分母系数行向量，注意当 B，A 同为标量时，B 为零点，A 为极点。

（5）单位脉冲响应绘图函数 dimpulse（）：

dimpulse(B,A)：绘制传递函数 $H(z)$ 的单位脉冲响应图，其中 B，A 分别是传递函数 $H(z)$ 按 z^{-1} 的升幂排列的分子分母系数行向量。dimpulse (B,A,N) 功能同上，其中 N 为指定的单位脉冲响应序列的点数。

（6）单位阶跃响应绘图函数 dstep（）：

dstep(B,A)：绘制传递函数 $H(z)$ 的单位脉冲响应图，其中 B，A 分别是传递函数 $H(z)$ 按 z^{-1} 的升幂排列的分子分母系数行向量。dstep(B,A,N) 功能同上，其中 N 为指定的单位阶跃响应序列的点数。

（7）数字滤波单位脉冲响应函数 impz（）：

[h,t]＝impz(B,A)：其中 B，A 分别是传递函数 $H(z)$ 按 z^{-1} 的升幂排列的分子分母系数行向量。H 为单位脉冲响应的样值，t 为采样序列。[h,t]＝impz(B,A,N) 功能同上，其中 N 为标量时为指定的单位阶跃响应序列的点数，N 为矢量时 $t=N$，为采样序列。

（8）极点留数分解函数 residuez（）：

[r,p,k]＝ residuez(B,A)：其中 B，A 分别是传递函数 $H(z)$ 按 z^{-1} 的升幂排列的分子分母系数行向量。r 为极点对应系数，p 为极点，k 为有限项对应系数。

四、实验内容与方法

1. 验证性实验

（1）$\mathscr{L}$ 变换。确定信号 $f_1(n) = 3^n\varepsilon(n)$，$f_2(n) = \cos(2n)\varepsilon(n)$ 的 $\mathscr{L}$ 变换。

％确定信号的 $\mathscr{L}$ 变换

```
syms n z                    %声明符号变量
f1＝3^n
f1_z＝ztrans(f1)
f2＝cos(2 * n)
f2_z＝ztrans(f2)
```

运行后在命令窗口显示：

```
f1＝
3^n
f1_z＝
1/3 * z/(1/3 * z－1)
f2＝
cos(2 * n)
f2_z＝
(z＋1－2 * cos(1)^2) * z/(1＋2 * z＋z^2－4 * z * cos(1)^2)
```

(2) $\mathscr{Z}$ 反变换。已知离散 LTI 系统的激励函数为 $f(k) = (-1)^k \varepsilon(k)$，单位序列响应 $h(k) = \left[\dfrac{1}{3}(-1)^k + \dfrac{2}{3} 3^k \right] \varepsilon(k)$，用变换域分析法确定系统的零状态响应 $y_f(k)$。

```
%由 𝒵 反变换求系统零状态响应
syms k z
f＝(－1)^k;
f_z＝ztrans(f);
h＝1/3 * (－1)^k＋2/3 * 3^k;
h_z＝ztrans(h);
yf_z＝f_z * h_z;
yf＝iztrans(yf_z)
```

运行后在命令窗口显示：

```
yf ＝1/2 * (－1)^n＋1/3 * (－1)^n * n＋1/2 * 3^n
```

计算 $\dfrac{1}{(1+5z^{-1})(1-2z^{-1})^2}$，$|z| > 5$ 的反变换。

```
%由部分分式展开求 𝒵 反变换
num＝[0 1];
den＝poly([－5, 1, 1]);
[r, p, k]＝ residuez(num, den)
```

运行后在命令窗口显示：

```
r＝
   －0.1389
   －0.0278 － 0.0000i
    0.1667 ＋ 0.0000i
p＝
```

$$-5.0000$$
$$1.0000 + 0.0000i$$
$$1.0000 - 0.0000i$$

k＝

[ ]

所以反变换结果为

$$[-0.1389 \times (-5)^k - 0.0278 + 0.1667 \times (k+1)] \times u(k)$$

（3）离散频率响应函数。一个离散 LTI 系统，差分方程为

$$y(k) - 0.81y(k-2) = f(k) - f(k-2)$$

试确定：

① 系统函数 $H(z)$；

② 单位序列响应 $h(k)$ 的数学表达式，并画出波形；

③ 单位阶跃响应的波形 $g(k)$；

④ 绘出频率响应函数 $H(e^{j\theta})$ 的幅频和相频特性曲线。

%（a）求系统函数 $H(z)$

num＝[1,0,−1];

den＝[1 0 −0.81];

printsys(fliplr(num), fliplr(den), ′1/z′)

%（b）求单位序列响应的数学表达式，并画出波形图

subplot(221);

dimpulse(num,den,40);

ylabel(′脉冲响应′);

%（c）求单位阶跃响应的波形

subplot(222);

dstep(num, den, 40);

ylabel(′阶跃响应′);

%（d）绘出频率响应函数的幅频和相频特性曲线

[h, w]＝freqz(num, den, 1000, ′whole′);

subplot(223);

plot(w/pi, abs(h))

ylabel(′幅频′);

xlabel(′\omega/\pi′);

subplot(224);

plot(w/pi, angle(h))

ylabel(′相频′);

xlabel(′\omega/\pi′);

运行后在命令窗口显示：

$$\text{num/den} = \frac{-11/z^2 + 1}{-0.811/z^2 + 1}$$

系统的响应与频率响应函数如图 5-17 所示。

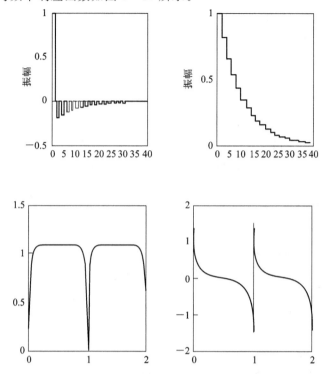

图 5-17　系统的响应与频率响应函数

（4）MATLAB 绘制离散系统极点图。采用 MATLAB 语言编程，绘制离散 LTI 系统函数的零极点图，并从零极点图判断系统的稳定性。

已知离散系统的 $H(z)$，求零极点图，并求解 $h(k)$ 和 $H(e^{j\omega})$。

```
b=[1 2 1];
a=[1 -0.5 -0.005 0.3];
subplot(3, 1, 1);
zplane(b, a);
num=[0 1 2 1];
den=[1 -0.5 -0.005 0.3];
h=impz(num, den);
subplot(3, 1, 2);
stem(h);
%xlablel('k');
%ylablel('h(k)');
[H, w]=freqz(num, den);
subplot(3, 1, 3);
plot(w/pi, abs(H));
%xlablel('/omega');
%ylablel('abs(H)');
```

系统的响应与零极点分布如图 5 - 18 所示。

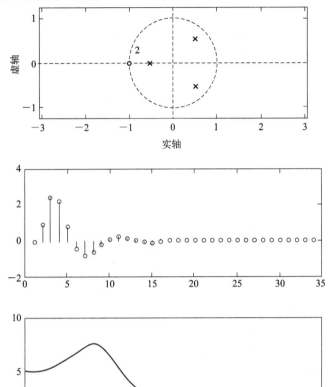

图 5 - 18 系统的响应与零极点分布

(5) 求下列直接型系统函数的零极点，并将它转换成二阶节形式

$$H(z) = \frac{1 - 0.1z^{-1} - 0.3z^{-2} - 0.3z^{-3} - 0.2z^{-4}}{1 + 0.1z^{-1} + 0.2z^{-2} + 0.2z^{-3} + 0.5z^{-4}}$$

num＝[1 −0.1 −0.3 −0.3 −0.2]；

den＝[1 0.1 0.2 0.2 0.5]；

[z,p,k]＝tf2zp(num,den);m＝abs(p);disp('零点');disp(z);

disp('极点');disp(p);disp('增益系数');disp(k);

sos＝zp2sos(z,p,k);disp('二阶节');disp(real(sos));

zplane(num,den);

计算求得零极点增益系数和二阶节的系数分别为

零点

0.9615　　　　　　−0.5730　　　　　　−0.1443 + 0.5850j　−0.1443 − 0.5850j

极点

0.5276 + 0.6997i　0.5276 − 0.6997i　−0.5776 + 0.5635j　−0.5776 − 0.5635j

增益系数

1

二阶节

| 0.1892 | −0.0735 | −0.1043 | 1.0000 | 1.1552 | 0.6511 |
| 5.2846 | 1.5247 | 1.9185 | 1.0000 | −1.0552 | 0.7679 |

系统的零极点分布如图 5−19 所示。

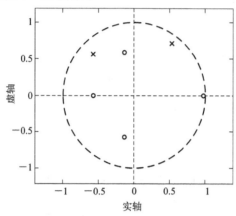

图 5−19　系统的零极点分布

系统函数的二阶节形式为

$$H(z) = \frac{1 - 0.3885z^{-1} - 0.5509z^{-2}}{1 + 0.2885z^{-1} + 0.3630z^{-2}} \cdot \frac{1 + 1.1552z^{-1} + 0.6511z^{-2}}{1 - 1.0552z^{-1} + 0.7679z^{-2}}$$

2. 程序设计实验:

(1) 试分别绘制下列系统的零极点图,并判断系统的稳定性:

① $H(z) = \dfrac{3z^3 - 5z^2 + 10z}{z^3 - 3z^2 + 7z - 5}$;

② $H(z) = \dfrac{4z^3}{z^3 + 0.2z^2 + 0.3z + 0.4}$;

③ $H(z) = \dfrac{1 + z^{-1}}{4 + 2z^{-1} + z^{-2}}$;

④ $H(z) = \dfrac{1 - 0.5z^{-1}}{8 + 6z^{-1} + z^{-2}}$。

(2) 试分别确定下列信号的 $\mathscr{L}$ 变换:

① $f(k) = \left(\dfrac{2}{5}\right)^k \varepsilon(k)$;

② $f(k) = \cos(2k)\varepsilon(k)$;

③ $f(k) = (k-1)\varepsilon(k)$;

④ $f(k) = (-1)^k k \varepsilon(k)$。

(3) 已知某 LTI 离散系统在输入激励 $f(k) = \left(\dfrac{1}{2}\right)^k \varepsilon(k)$ 时的零状态响应为

$$y_f(k) = \left[3\left(\frac{1}{2}\right)^k + 2\left(\frac{1}{3}\right)^k\right]\varepsilon(k)$$

通过程序确定该系统的系统函数 $H(z)$ 以及该系统的单位序列响应 $h(k)$。

(4) 分别确定下列因果信号的逆 $\mathscr{L}$ 变换。

① $F(z) = \dfrac{3z+1}{z+2}$;

② $F(z) = \dfrac{z^2}{z^2+3z+2}$;

③ $F(z) = \dfrac{1}{z^2+1}$;

④ $F(z) = \dfrac{z^2+z+1}{z^2+z-2}$。

五、实验要求

（1）在计算机中输入程序，验证实验结果，并将实验结果存入指定的存储区域。

（2）对于程序设计实验，要求通过对验证性实验的练习，自行编制完整的实验程序，实现对信号的模拟，并得出实验结果。

（3）在实验报告中写出完整的自编程序，并给出实验结果。

六、思考题

由于 ztrans 函数为单边 $\mathscr{Z}$ 变换，且并未给出收敛域，考虑编写双边 $\mathscr{Z}$ 变换函数，并给出收敛域。（提示：可借助 symsum 函数。）

5.10　连续系统状态变量分析

一、实验目的

（1）掌握连续时间系统状态方程的求解方法。

（2）直观了解系统的状态解的特征。

（3）了解系统信号流图的另外一种化简方法。

（4）了解函数 ode23 和函数 ode45 的使用。

二、实验原理

状态变量是能描述系统动态特性的一组最少量的数据。状态方程是描述系统的另外一种模型，它既可以表示线性系统，也可以表示非线性系统，对于二阶系统，则可以用两个状态变量来表示，这两个状态变量所形成的空间称为状态空间。在状态空间中状态的端点随时间变化而描出的路径叫做状态轨迹。因此状态轨迹点对应系统在不同时刻、不同条件下的状态，知道了某段时间内的状态轨迹，也就知道系统在该时间段内的变化过程。所以二阶状态轨迹的描述方法是一种在几何平面上研究系统动态性能（包括稳定性在内）的方法。用计算机模拟二阶状态轨迹的显示，方法简单直观，且能很方便观察电路参数变化时，状态轨迹的变化规律。

三、涉及的 MATLAB 函数

（1）ode23 函数：

采用自适应变步长的二阶/三阶 Runge-Kutta-Felbberg 法。

调用格式：

[t,y]=ode23('SE', t, x0)

其中，SE 为矩阵形式的状态方程，用函数描述；t 为计算的时间区间，x0 为状态变量的初始条件。

(2) ode45 函数。

采用自适应变步长的四阶/五阶 Runge-Kutta-Felbberg 法，运算效率高于 ode23。

调用格式与 ode23 相同。

四、实验内容与方法

1. 验证性实验（参考程序）

(1) ％连续系统状态求解 1：

```
％连续系统状态求解
clear;
A=[2 3;0 -1];
B=[0 1;1 0];
C=[1 1 ;0 -1];
D=[1 0;1 0];
x0=[2 -1];
dt=0.01;
t=0:dt:2;
f(:, 1)=ones(length(t),1);
f(:, 2)=exp(-3 * t)';
sys=ss(A, B, C, D);
y=lsim(sys, f, t, x0);
subplot(2, 1, 1);
plot(t,y(:, 1),'b');
subplot(2,1, 2);
plot(t,y(:, 2),'b');
```

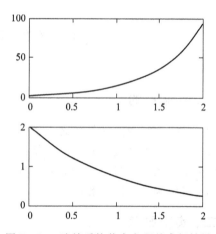

图 5-20 连续系统状态方程的求解结果

连续系统状态方程的求解结果如图 5-20 所示。

(2) ％连续系统状态求解 2：

```
clear;
x0=[2;1]; t0=0;        ％ 起始时间
tf=2;                  ％ 结束时间
[t,x]=ode23('stateequ',[t0,tf],x0);
plot(t,x(:, 1),' * b',t,x(:, 2),'-b')
legend('x(1)','x(2)');
grid on
xlabel('t')
```

连续系统状态方程的求解结果如图 5 - 21 所示。

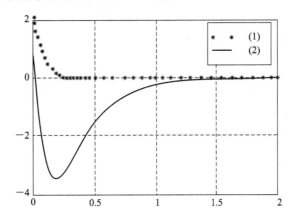

图 5 - 21　连续系统状态方程的求解结果

（3）已知连续时间系统的信号流图如图 5 - 22 所示，确定该系统的系统函数。

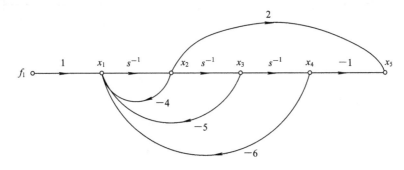

图 5 - 22　系统的信号流图

通用的信号流图化简，采用梅森公式求解。但如用 MATLAB 辅助分析，则不宜直接用梅森公式求解，应采用另外规范的易于编程的方法。

设信号流图的每个节点为 $x_1 x_2 x_3 x_4 x_5$，表示为 k 维状态列向量 $\boldsymbol{x} = [x_1\ x_2 \cdots\ x_k]'$，输入列向量表示为 l 维，即 $\boldsymbol{f} = [f_1\ f_2 \cdots\ f_l]'$，此流图为一维输入列向量 $\boldsymbol{f} = [f_1]$。

由信号流图列方程得

$$x_1 = f_1 - 4x_2 - 5x_3 - 6x_4 \quad x_3 = s^{-1}x_2$$
$$x_2 = s^{-1}x_1 \qquad\qquad\qquad x_4 = s^{-1}x_3 \qquad x_5 = -x_4 + 2x_2$$

写成矩阵形式

$$
\boldsymbol{x} =
\begin{bmatrix}
0 & -4 & -5 & -6 & 0 \\
s^{-1} & 0 & 0 & 0 & 0 \\
0 & s^{-1} & 0 & 0 & 0 \\
0 & 0 & s^{-1} & 0 & 0 \\
0 & 2 & 0 & -1 & 0
\end{bmatrix}
\begin{bmatrix}
x_1 \\
x_2 \\
x_3 \\
x_4 \\
x_5
\end{bmatrix}
+
\begin{bmatrix}
1 \\
0 \\
0 \\
0 \\
0
\end{bmatrix}
\boldsymbol{f}_1
$$

或记作

$$\boldsymbol{x} = \boldsymbol{Q}\boldsymbol{x} + \boldsymbol{B}\boldsymbol{f}$$

变换：

$$(I-Q)x = Bf$$
$$x = (I-Q)^{-1}Bf$$

则 $H=\dfrac{x}{f}=(I-Q)^{-1}B$ 为系统传递函数矩阵。

```
syms s;                                  %信号流图简化
Q=[0 −4 −5 −6 0;1/s 0 0 0 0;0 1/s 0 0 0;0 0 1/s 0 0;0 2 0 −1 0];
B=[1;0;0;0;0];I=eye(size(Q));H=(I−Q)\B;H5=H(5);pretty(H5);
```
即该信号流图的系统函数为

$$H(s) = \frac{2s^2 - 1}{s^3 + 4s^2 + 5s + 6}$$

（4）描述连续时间系统的信号流图如图 5−23 所示，确定该系统的系统函数。

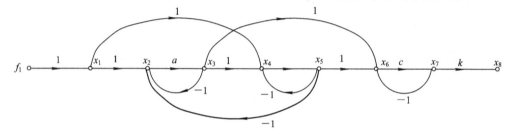

图 5−23　系统的信号流图

分析：由信号流图列方程为

$$x_1 = f_1 \qquad\qquad x_5 = bx_4$$
$$x_2 = x_1 - x_3 - x_5 \qquad x_6 = x_3 + x_5 - x_7$$
$$x_3 = ax_2 \qquad\qquad x_7 = cx_6$$
$$x_4 = x_1 + x_3 - x_5 \qquad x_8 = kx_7$$

同上分析，请自行列出矩阵形式。

程序如下：

```
syms s;                                  %信号流图简化
syms a b c k
Q(3,2)=a;
Q(2,1)=1;Q(2,3)=−1;Q(2,5)=−1;
Q(4,3)=1;Q(4,1)=1;Q(4,5)=−1;
Q(5,4)=b;
Q(6,3)=1; Q(6,5)=1;Q(6,7)=−1;
Q(7,6)=c; Q(8,7)=k;
Q(:, end+1)=zeros(max(size(Q)),1);
B=[1;0;0;0;0;0;0;0]
I=eye(size(Q))
H=(I−Q)\B;
H8=H(8);
pretty(H8);
```

H8 ＝k＊c＊(2＊b＊a＋b＋2＋a)/(b＋2＊b＊a＊c＋b＊c＊2＋b＊a＋13＋18＊a＊c
＋13＊c＋18＊a)

$$\frac{k\,c\,(2\,b\,a\,+\,b\,+\,2\,+\,a)}{b\,+\,2\,b\,a\,c\,+\,b\,c\,+\,2\,b\,a\,+\,13\,+\,18\,a\,c\,+\,13\,c\,+\,18\,a}$$

2. 程序设计实验

(1) 已知连续系统状态方程为

$$\dot{x}(t) = Ax(t) + Bf(t)$$

其中 $A = \begin{bmatrix} 1 & 2 \\ 0 & -1 \end{bmatrix}$，$B = \begin{bmatrix} 0 & 1 \\ 1 & 0 \end{bmatrix}$，$f(t) = \begin{bmatrix} f_1(t) \\ f_2(t) \end{bmatrix} = \begin{bmatrix} \varepsilon(t) \\ 2\varepsilon(t) \end{bmatrix}$，初始状态 $x(0) = \begin{bmatrix} x_1(0) \\ x_2(0) \end{bmatrix} = \begin{bmatrix} 1 \\ -1 \end{bmatrix}$，试画出状态变量 $x(t)$ 的波形。

(2) 描述连续时间系统的信号流图如图 5 - 24 所示，确定该系统的系统函数。

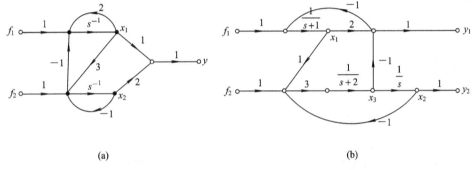

(a)　　　　　　　　　　　　　　(b)

图 5 - 24　系统的信号流图
(a) 系统 1；(b) 系统 2

五、实验要求

(1) 在计算机中输入程序，验证实验结果，并将实验结果存入指定存储区域。

(2) 对于程序设计实验，要求通过对验证性实验的练习，自行编制完整的实验程序，实现对信号的模拟，并得出实验结果。

(3) 在实验报告中写出完整的自编程序，并给出实验结果。

5.11　离散系统状态方程求解

一、实验目的

(1) 了解离散系统状态方程的求解方法。

(2) 了解离散系统信号流图化简的方法。

(3) 了解函数 ode45() 的调用方法。

二、实验原理

离散系统状态方程的一般形式为

$$x(k+1) = Ax(k) + Bf(k)$$

在此只对单输入的 n 阶离散系统的状态方程求解。一般采用递推迭代的方式求解，由初始条件 $x(0)$ 和激励 $f(0)$ 求出 $k=1$ 时的 $x(1)$，然后依次迭代求得所要求的 $x(0),\cdots,x(n)$ 的值。

编程时的注意事项：MATLAB 中变量下标不允许为零，则初始点的下标只能取 1，第 n 步的 x 的下标为 $n+1$。

三、涉及的 MATLAB 函数

采用函数 ode45() 可以求解微分方程。其调用格式如下：

[t,y]＝ode45(odefun, tspan, y0)

其中：odefun 指状态方程的表达式，tspan 指状态方程对应的起止时间[t0,tf]，y0 指状态变量的初始状态。

四、实验内容与方法

1. 验证性实验（参考程序）

采用 MATLAB 语言编程，求解离散系统状态方程，并绘制状态变量的波形。

（1）已知离散系统的状态方程为 $\begin{bmatrix} x_1(k+1) \\ x_2(k+1) \end{bmatrix} = \begin{bmatrix} 0.5 & 0 \\ 0.25 & 0.25 \end{bmatrix} \begin{bmatrix} x_1(k) \\ x_2(k) \end{bmatrix} + \begin{bmatrix} 1 \\ 0 \end{bmatrix} f(k)$，初始条件为 $x(0) = \begin{bmatrix} -1 \\ 0.5 \end{bmatrix}$，激励为 $f(k)=0.5\varepsilon(k)$，确定该状态方程 $x(k)$ 前 10 步的解，并画出波形。

```
%离散系统状态求解
%A＝input('系数矩阵 A＝')
%B＝input('系数矩阵 B＝')
%x0＝input('初始状态矩阵 x0＝')
%n＝input('要求计算的步长 n＝')
%f＝input('输入信号 f＝')                    %要求长度为 n 的数组
clear all
A＝[0.5 0; 0.25 0.25];
B＝[1;0]; x0＝[-1;0.5];n＝10;
f＝[0 0.5 * ones(1,n-1)];
x(:,1)＝x0;
for i＝1: n
     x(: ,i+1)＝A * x(: ,i)＋B * f(i);
end
subplot(2,1,1);stem([0:n], x(1, :));
subplot(2,1,2);stem([0:n], x(2, :));
```

离散系统状态方程的求解结果如图 5 - 25 所示。

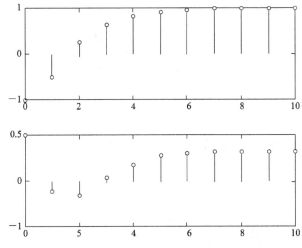

图 5 - 25　离散系统状态方程的求解

（2）离散系统状态求解：

A＝[0 1;－2 3]; B＝[0;1]　　　;％方程输入

C＝[1 1;2 －1];D＝zeros(2,1);

x0＝[1;－1]　　　　　　　;％初始条件

N＝10;f＝ones(1,N);

sys＝ss(A,B,C,D,[]);

y＝lsim(sys,f,[],x0);

k＝0：N－1;

subplot(2, 1,1);

stem(k,y(:, 1),'b');

subplot(2,1, 2);

stem(k,y(:, 2),'b');

离散系统状态方程的求解结果如图 5 - 26 所示。

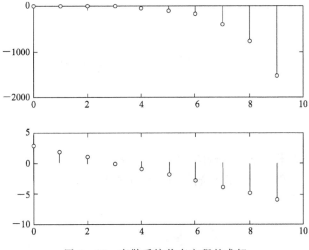

图 5 - 26　离散系统状态方程的求解

2. 程序设计实验

（1）离散系统状态方程为：

$$x(k+1) = Ax(k) + Bf(k)$$

其中 $A = \begin{bmatrix} 0.5 & 0 \\ 0.25 & 0.25 \end{bmatrix}$，$B = \begin{bmatrix} 1 \\ 0 \end{bmatrix}$，初始状态 $\begin{bmatrix} x_1(0) \\ x_2(0) \end{bmatrix} = \begin{bmatrix} 0 \\ 0 \end{bmatrix}$，激励 $f(k) = \delta(k)$，确定该状态方程 $x(k)$ 前 10 步的解，并画出波形。

（2）描述离散时间系统的信号流图如图 5-27 所示，确定该系统的系统函数（离散系统信号流图的形式与连续系统相同，只不过是把变量 s 换为 z，在此不再详述，请参照 5.10 节）。

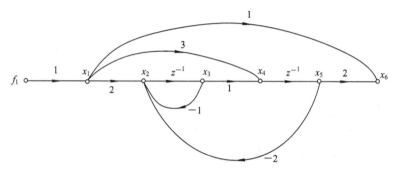

图 5-27 系统的信号流图

五、实验要求

（1）对于程序设计实验，要求通过对验证性实验的练习，自行编制完整的实验程序，实现对信号的模拟，并得出实验结果。

（2）在计算机中输入程序，验证实验结果，并将实验结果存入指定存储区域。

（3）在实验报告中写出完整的自编程序，并给出实验结果。

六、思考题

（1）带宽度的关系。

（2）粗略画出信号的频谱图。

5.12 频率法超前校正

一、实验目的

（1）学习结构图编程，掌握结构图 M 文件的设计方法。

（2）对于给定的控制系统，设计满足频域性能指标的超前校正装置，并通过仿真结果验证校正设计的准确性。

二、实验步骤

(1) 开机执行程序：

c：\matlab\bin\matlab. exe

(或用鼠标器双击图标)进入 MATLAB 命令窗口："Command Window"。

(2) 建立时域仿真的结构图文件"mysimu. m"：结构图由受控对象模块 $G_1(s)$、校正模块 $G_2(s)$、求和器(Sum)以及信号单元(Step Fun)和显示器单元(Scope)组成，如图 5 - 28 所示。

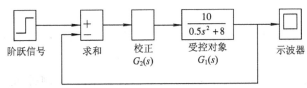

图 5 - 28　Simulink 结构图

建立结构图文件的步骤如下：

① 建立新的结构图文件。在 MATLAB 命令窗口上，选择"File"菜单项中的"New"选项后选择子选项"Model"出现一个空白 "Simulink panal"子窗口，即建立了一个结构图文件。在该子窗口上，既可以进行结构图文件的各种文件操作，又可以进行时域仿真。注意：当进行结构图文件的存储时，也是以 M 文件来存储的。

② 打开结构图模块组。在 MATLAB 命令窗口上，键入 Simulink，打开结构图模块组。其中有下列模块单元组：

Sources(输入信号单元模块组)，Sinks(数据输出单元模块组)，Linear(线性单元模块组)，Discrete(离散单元模块组)……

用鼠标器双击任何一个模块组的图标，即可打开该模块组，从中选择仿真实验所需要的仿真单元模块。

③ 建立用户的仿真结构图。将所需要的结构图模块用鼠标器拖曳至新建立的结构图文件的空白处；拖曳时，用鼠标器点击模块，然后按住鼠标器左键，将该模块拖曳至文件窗口的空白处再释放鼠标器左键，拖曳即完成。依次完成仿真结构图。

④ 用鼠标器作结构图单元之间的连接。按照结构图模块的信号连接关系，用鼠标器作连线，就可以完成仿真实验的结构图。作连线时，将鼠标器移动到模块单元的输出端，按下鼠标器左键，拖动鼠标器箭头至下一个单元的信号输入端处，然后释放鼠标器左键，即可实现模块之间的连接。

(3) 结构图单元参数设置。用鼠标器双击任何一个结构图单元即激活结构图单元的参数设置窗口。

激活信号单元——设置阶跃信号的参数，如阶跃信号的幅值、起始时间等；

激活加法器单元——设置反馈极性；

激活线性模块单元——设置受控对象传递函数 $G_0(s)$ 的参数，其格式为

分子多项式的系数向量＝$[b_m, b_{m-1}, b_1, b_0]$

分母多项式的系数向量＝$[a_n, a_{n-1}, a_1, a_0]$

激活显示器单元——设置显示器的 x，y 坐标范围。

（4）仿真参数设置。选择"Simulation"菜单项中的"parameters"，即出现仿真参数设置子窗口。其中有算法选择单元和仿真参数单元。算法选择单元用于设定仿真算法，例如，Euler、Runge-Kuta、Adams、Gear、Linsim 等；仿真参数单元用于设定仿真参数，例如，仿真起始时间、仿真终止时间、仿真步长、允许误差及返回变量名称等。

（5）仿真操作。选中"Simulation"菜单项中的选项"Start"，即启动系统的仿真，同时，启动后选项"Start"即变为"Stop"用于停止系统的仿真。在系统仿真中，如果显示器不能很好地展现仿真曲线，可以随时修改显示器定标，达到满意为止。

三、实验要求

（1）作原系统的波特图，求出静态速度误差系数 k_{v0}，相位裕度 γ_{c0} 和开环截止频率 ω_{c0}（可以人工计算完成，也可以采用实验 11(5.11 节)来实现）。

（2）作时域仿真，求出阶跃响应曲线，记录未校正系统的时域性能 M_p 和 t_s，并记录下所选择的仿真参数。

（3）设计超前校正装置 $G_c(s)$，实现希望的开环频域性能，即 $k_v > 20$，$\gamma_c > 45°$，$\omega_c > 6$ rad/s。

（4）按照超前校正装置 $G_c(s)$ 的参数，修改结构图的校正单元参数，进行新的时域仿真，作出阶跃响应曲线，记录校正后系统的时域性能指标 M_p 和 t_s。

四、实验报告要求

（1）作出超前校正装置 $G_c(s)$ 的波特图。
（2）分析超前校正装置的校正作用特点。
（3）讨论超前校正装置对于阶跃响应过渡时间 t_s 的影响。

5.13 频率法滞后校正

一、实验目的

对于给定的控制系统，设计满足频域性能指标的校正装置，并通过仿真结果验证设计的正确性。

二、实验步骤

（1）开机执行程序：

c:\matlab\bin\matlab.exe

（或用鼠标器双击图标）进入 MATLAB 命令窗口："Command Window"。

（2）建立时域仿真的结构图文件"mysimu.m"：结构图如图 5-29 所示。其结构图由受控对象模块 $G_1(s)$、校正模块 $G_2(s)$、求和器（Sum）、信号单元（Step Fun）、显示器单元（Scope）以及各模块之间的连线组成。用鼠标器双击任何单元，即可激活相应的参数窗口来修改参数。

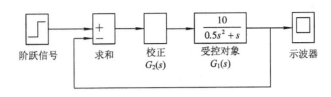

图 5 - 29　Simulink 结构图

（3）仿真操作：

选中"Simulation"菜单项中的选项"Start"，即启动系统的仿真，同时，启动后选项"Start"即变为"Stop"适用于停止系统的仿真。在系统仿真中，如果显示器不能很好地展现仿真曲线，可以随时修改显示器定标，达到满意为止。

（4）按照滞后校正装置 $G_c(s)$ 的参数，修改结构图的校正单元参数，进行新的时域仿真，作出阶跃响应曲线，并记录校正后系统的时域性能指标 M_p 和 t_s。

三、实验要求

（1）作原系统波特图，求出静态速度误差系数 k_{v0}、相位裕度为 γ_{c0} 和开环截止频率 ω_{c0}（可以人工计算完成，也可以采用实验 11（5.11 节来实现）。

（2）作时域仿真，求出阶跃响应曲线，并记录未校正系统的时域性能 M_p 和 t_s。

四、实验报告要求

（1）作出滞后校正装置 $G_c(s)$ 的波特图。

（2）分析超前滞后装置的作用与特点。

（3）讨论滞后校正装置对于阶跃响应过渡时间 t_s 的影响。

5.14　根轨迹法超前校正

一、实验目的

对于给定的控制系统，采用根轨迹法设计满足时域性能指标的超前校正装置，并通过仿真结果验证设计的正确性。

二、实验步骤

（1）开机执行程序：

c:\matlab\bin\matlab.exe

（或用鼠标器双击图标）进入 MATLAB 命令窗口："Command Window"。

（2）建立时域仿真的结构图文件"mysimu.m"：建立仿真结构图的步骤与实验 17（5.17 节）所述相同，其结构图由受控对象模块 $G_1(s)$、校正模块 $G_2(s)$、求和器（Sum）、信号单元（Step Fun）、显示器单元（Scope）以及各模块之间的连线组成，如图 5 - 30 所示，用鼠标器双击任何一个单元，即可激活相应的参数窗口来修改参数。

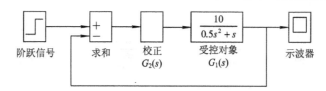

图 5 - 30　仿真结构图

（3）仿真操作：选中"Simulation"菜单项中的选项"Start"即启动系统的仿真，同时，启动后选项"Start"即变为"Stop"用于停止系统仿真。在系统仿真中，如果显示器不能很好地展现仿真曲线，可以随时修改显示器定标，达到满意为止。

三、实验要求

（1）作原系统的根轨迹图（可以由实验 9（5.9 节）完成）然后在 MATLAB 平台上编制下述程序，求出闭环极点的位置，计算时域性能 M_{p0} 和 t_{s0}。

num0＝[1 0]；
den0＝[0.5，1，0]
[numc，denc]＝cloop(num0，den0，－1)；
print sys(numc，denc)；
pzmap(numc，denc)；

在 s 平面上作图，其零极点的位置如图 5 - 31 所示。

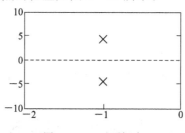

图 5 - 31　开环极点

[p，z]＝pzmap(numc，denc)；
求得零极点的值。
键入　　P
显示　　P＝
－1.000＋4.3589j
－1.000－4.3589j
键入　　Z
显示　　Z＝
[ ]

（2）作时域仿真，求出阶跃响应曲线，记录未校正系统的时域性能指标 M_{p0} 和 t_{s0}。

（3）按照根轨迹法超前校正设计步骤，设计超前校正装置 $G_c(s)$ 实现希望的时域性能指标，即 $k_v > 20$，$M_p < 15\%$，$t_s < 1.5$ s。

（4）按照超前校正装置 $G_c(s)$ 的参数，修改结构图的校正单元参数，进行新的时域仿真，作出阶跃响应曲线，记录校正后系统的时域性能指标。

四、实验结果分析

(1) 分析根轨迹法超前校正的特点。

(2) 讨论超前校正装置的零极点对原系统根轨迹的影响。

(3) 讨论根轨迹法超前校正对系统稳态性能的影响。

5.15　根轨迹法滞后校正

一、实验目的

对于给定的控制系统，采用根轨迹法设计满足时域性能指标的滞后校正装置，并通过仿真结果验证设计的准确性。

二、实验步骤

(1) 开机执行程序：

c:\matlab\bin\matlab.exe

(或用鼠标器双击图标)进入 MATLAB 命令窗口："Command Window"。

(2) 建立时域仿真的结构图文件"mysimu.m"：建立仿真结构图的步骤与实验 17(5.17 节)所述相同。其结构图由受控对象模块 $G_1(s)$、校正模块 $G_2(s)$、求和器(Sum)、信号单元(Step Fun)、显示器单元(Scope)以及各模块之间的连线组成，如图 5-32 所示。用鼠标器双击任何单元，即可激活相应的参数窗口来修改参数。

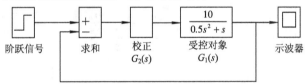

图 5-32　仿真结构图

(3) 仿真操作：选中"Simulation"菜单项中的选项"Start"即启动系统的仿真，同时，启动后选项"Start"即变为"Stop"用于停止系统的仿真。在系统仿真中，如果显示器不能很好地展现仿真曲线，可以随时修改显示器定标，达到满意为止。

三、实验要求

(1) 作原系统的根轨迹图(根轨迹作图见实验 5(5.5 节))，求出闭环极点的位置，计算时域性能 M_{p0} 和 t_{s0}。

(2) 作时域仿真，求出阶跃响应曲线，并记录未校正系统的时域性能 M_{p0} 和 t_{s0}。

(3) 设计超前校正装置 $G_c(s)$，实现希望的开环频域性能，即 $k_v > 20$，$M_p > 15\%$，$t_s < 5$ s。

(4) 按照滞后校正装置 $G_c(s)$ 的参数，修改结构图的校正单元参数，进行新的时域仿真，作出阶跃响应曲线，记录校正后系统的时域性能指标 M_p 和 t_s。

四、实验结果分析

（1）分析根轨迹法滞后校正的特点。

（2）讨论满足给定性能时，滞后校正装置的零极点在负实轴上的位置。

（3）讨论根轨迹法滞后校正对系统动态性能的影响。

5.16　频率法二阶参考模型校正

一、实验目的

对于给定的控制系统，采用频率法二阶参考模型校正方法设计校正装置，并通过仿真实验验证设计结果。

二、实验步骤

（1）开机执行程序：

c:\matlab\bin\matlab.exe

（或用鼠标双击图标）进入 MATLAB 命令窗口："Command Window"。

（2）建立时域仿真的结构图文件"mysimu.m"：建立仿真结构图的步骤与实验18(5.18节)所述相同。其结构图由受控对象模块 $G_1(s)$、校正模块 $G_2(s)$、求和器(Sum)、信号单元 (Step Fun)、显示器单元(Scope)以及各模块之间的连线组成，如图 5 - 33 所示。用鼠标器双击任何单元，即可激活相应的参数窗口来修改参数。

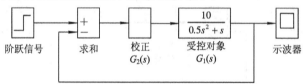

$$\frac{10}{0.5s^2 + s}$$

阶跃信号　　求和　　校正　　　受控对象　　　示波器
　　　　　　　　　　$G_2(s)$　　　$G_1(s)$

图 5 - 33　Simulink 结构图

（3）仿真操作：选中"Simulation"菜单项中的选项"Start"即启动系统的仿真，同时，启动后选项"Start"即变为"Stop"用于停止系统的仿真。在系统仿真中，如果显示器不能很好地展现仿真曲线，可以随时修改显示器定标，达到满意为止。

三、实验要求

（1）作原系统的波特图，求出静态速度误差系数 k_{v0}、相应裕度 γ_{c0} 和开环截止频率 ω_{c0}（可以人工计算完成，也可以采用实验11(5.11节)来实现）。

（2）作时域仿真，求出阶跃响应曲线，并记录未校正系统的时域性能 M_p 和 T_s。

（3）参阅二阶参考模型校正设计方法或者相关教材中的设计校正装置 $G_0(s)$，实现希望的开环频域性能，即 $k_v > 20$，$M_p < 5\%$，$t_s < 0.5$ s。

（4）作出校正系统的波特图与校正装置 $G_0(s)$ 的波特图。

（5）按照 $G_0(s)$ 的参数，修改结构图的校正单元参数，进行新的时域仿真，作出阶跃响应曲线，记录校正后系统的时域性能 M_s 和 t_s。

四、实验报告要求

（1）分析、讨论频率法二阶参考模型校正的特点。

（2）讨论如何确定二阶参考模型的转折频率 ω_c。

（3）分析二阶参考模型的稳态精度如何。

5.17 速度反馈校正

一、实验目的

给定控制系统，设计速度反馈校正装置，满足频率法二阶参考模型的性能指标，并通过仿真结果验证设计的准确性。

二、实验步骤

（1）给定系统的开环传递函数为 $G_0(s) = \dfrac{80}{s(5s+1)}$。

要求：单位阶跃响应时，超调量 $M_p < 10\%$，过渡时间 $t_s < 4$ s。

（2）在 Simulink 仿真界面上作仿真结构图，如图 5-34 所示，并作时域仿真。由于系统的相位裕度很小，因此系统的阶跃响应有剧烈的振荡。

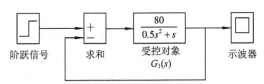

图 5-34 仿真结构图

（3）按照二阶参考模型设计的速度反馈装置为

$$G_H = 1.25s$$

作 Simulink 仿真结构图。带有速度反馈的结构图如图 5-35 所示。

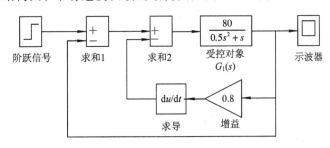

图 5-35 速度反馈

三、实验要求

（1）作原系统的波特图，求得原系统的稳定裕度，MATLAB 程序为

num＝[80]；den＝[5,1,0]；margin(num,den)；

（2）作校正后系统的阶跃响应，记录系统的响应曲线及性能指标。

四、实验报告要求

分析速度反馈的校正作用。

5.18 相平面作图

一、实验目的

（1）利用计算机完成控制系统的相平面作图。

（2）了解三阶系统相平面图的一般规律。

（3）利用相平面图进行系统分析。

二、实验步骤

（1）开机执行程序：

c:\matlab\bin\matlab.exe

（或用鼠标双击图标）进入 MATLAB 的命令窗口："Command Window"。

（2）相关 MATLAB 命令：

[y，x，t]＝step(num，den)

给定系统传递函数 $G(s)$ 的多项式模型，求系统的单位阶跃响应。

返回变量格式。计算所得的输出 y\状态 x(n 个状态，位置变量 x 及速度变量 x 均为向量)及时间向量 t 返回至 MATLAB 变量内存，不作图。更详细的命令说明，可键入"help stop"在线帮助查阅。

plot(t，x)

给定函数微量 x，自变量 t 直角坐标绘图。

subplot(n，m，N)

子图设置命令，在第 n 行第 m 列位置上绘制第 N 个图。

（3）实验方法：实验可采用命令行仿真方式（M 函数）或结构图仿真方式。

二阶系统：

$$G(s) = \frac{10}{s^2 + 2s + 10}$$

输入信号为 $r(t)＝1(t)$，作该系统的相平面图。

作图程序为系统多项式模型：

num＝[10]；

den＝[1 2 10]；   ％计算阶跃响应，返回变量

[y,x,t]＝step(num,den)；   ％绘制 x(t)子图 1

subplot(2,2,1)；plot(t,x(:,2))；grid；   ％绘制 ẋ(t)子图 2

subplot(2,2,2)；polt(t,x(:,2))；grid；　　%绘制 x-$\dot{x}$ 相平面子图 3

subplot(2,2,3)；plot(x(:,2)，x(:,1))；grid；

subplot(2,2,4)；plot(−x(:2)+0.1，−x(:,1))；grid ；　　%绘制 e-$\dot{c}$ 相平面子图 4

由 Simulink 作的二阶继电型控制系统结构图如图 5-36 所示。

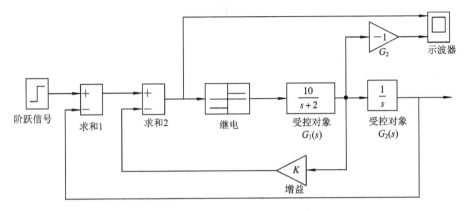

图 5-36　继电型控制系统结构图

设置仿真参数如表所示。

阶跃信号	开始时间/s	阶跃幅值
继电特性	开通关断时间/s	正反向幅值
xy 绘图仪坐标范围	x 轴	y 轴

由 xy 绘图得到的 c-$\dot{c}$ 相平面图，如图 5-37 所示。

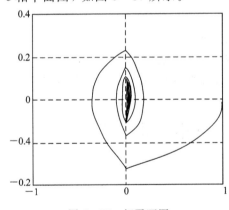

图 5-37　相平面图

三、实验内容

(1) 系统的开环传递函数 $G(s) = \dfrac{K}{s(Ts+1)}$，其闭环系统的结构图如图 5-38 所示。

分别设计系统的参数，并满足下述系统平衡点的性质：

① 稳定节点。

② 稳定焦点，并作相平面图。

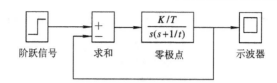

图 5 - 38　系统的结构图

③ 不稳定节点。

④ 不稳定焦点。

⑤ 中心点。

⑥ 鞍点。

(2) 带非线性环节的控制系统如图 5 - 39 所示。

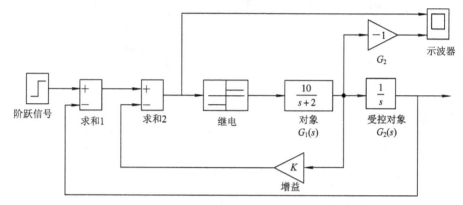

图 5 - 39　带非线性环节的控制系统图

四、实验报告要求

(1) 记录给定系统的相平面图。

(2) 分析平衡点的不同性质对系统动态响应的影响。

(3) 分析本质非线性控制系统与线性控制系统的运动特性有何异同。

5.19　继电型非线性控制系统分析

一、实验目的

(1) 对继电型非线性控制系统进行计算机仿真。

(2) 了解速度反馈对于继电型非线性系统的影响。

二、实验步骤

(1) 开机执行程序：

c:\matlab\bin\matlab.exe

(或用鼠标双击图标)进入 MATLAB 命令窗口："Command Window"。

(2) 在 Sinulink 环境下构造继电型非线性系统的结构图，如图 5 - 40 所示。

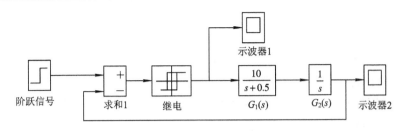

图 5 - 40　Simulink 结构图

仿真设定参数如下表。

阶跃信号	开始时间/s	0	阶跃幅值	1
继电特性	开通关断时间/s	0	正反向幅值	±1
示波器坐标	x 轴/s	10	y 轴	±5

按照上述设定仿真参数，作非线性系统的仿真。

（3）速度反馈仿真实验。其仿真结构图如图 5 - 41 所示。

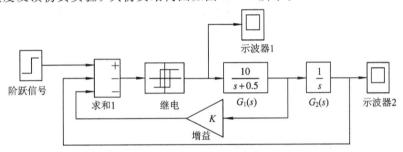

图 5 - 41　系统仿真图

要求：超调量小于 20%，过渡时间小于 2 s，确定速度反馈系数的值。

三、实验要求

（1）记录继电型非线性控制系统的响应曲线以及性能指标。
（2）记录增加速度反馈后的响应曲线以及性能指标。

四、实验记录

分析速度反馈对于继电型非线性系统的影响。

5.20　采样控制系统分析

一、实验目的

考察连续时间系统的采样控制中，零阶保持器的作用与采样时间间隔 T_s 对系统稳定性的影响。

二、实验步骤

（1）开机执行程序：

c:\matlab\bin\matlab.exe

（或用鼠标双击图标）进入 MATLAB 命令窗口："Command Window"。

（2）在 Simulink 环境下，构造连续时间系统的结构图，如图 5-42 所示。作时域仿真并确定系统的时域性能指标。

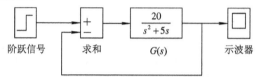

图 5-42　系统结构图

（3）带零阶保持器的采样控制系统如图 5-43 所示。作时域仿真，调整采样间隔时间 T_s，并观察对系统的稳定性的影响。

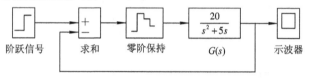

图 5-43　采样系统结构图

三、实验要求

（1）按照结构图程序编制步骤，完成时域仿真的结构图（在 Simulink 环境下编制结构图仿真程序的方法参照实验 17）。

（2）认真做好时域仿真记录。

四、实验报告要求

（1）叙述零阶保持器的作用。

（2）讨论采样间隔时间 T_s 对系统的影响。

5.21　能控性、能观测性与其标准型

一、实验目的

（1）学习系统的能控性、能观测性判别方法与计算方法。

（2）学习计算系统的能控标准型和能观测标准型。

二、实验仿真工具

MATLAB 4.2 计算机仿真语言。

三、实验方法

1. 能控性与能观测性判别

$$U_c = \text{gram}(A,B)$$
$$U_0 = \text{gram}(A,C)$$

函数 1：根据式 $u_0 = \int e^{At} ab^t e^{At} \, dt$，计算能控矩阵对 (A,B) 的克莱姆矩阵。如果 $\text{rank} U_0 = n$，则系统是状态完全能控的。

函数 2：根据式 $u_0 = \int e^{At} c^1 c^2 e^{At} \, dt$，计算能观测矩阵对 (A,C) 的克莱姆矩阵，如果 $\text{rank} U_0 = n$，则系统是状态完全能观测的。

$$U_c = \text{ctrb}(A,B)$$
$$U_0 = \text{obsv}(A,C)$$

函数 1：构造能控判别矩阵为 $U_c = \begin{bmatrix} B & AB & \cdots & A^0 & B^1 \end{bmatrix}$，如果 $\text{rank} U_c = n$，则系统是状态完全能控的。

函数 2：构造能观测判别矩阵为 $U_0 = \begin{bmatrix} C^T & A^T C^T & \cdots & A^{(n-1)T} & C^T \end{bmatrix}^T$。如果 $\text{rank} U_0 = n$，则系统是状态完全能观测的。

2. 能控标准型

如果系统状态是完全能控的，可以通过线性非奇异变换将系统变换为能控标准型。能控标准型 I 型的变换矩阵为

$$T_{cI}^{-1} = [b, Ab, \cdots, A^{n-1}b]$$

变换结果为

$$A_{cI} = \begin{bmatrix} 0 & \cdots & 0 & -a_0 \\ 1 & & & -a_1 \\ & \ddots & & \vdots \\ & & 1 & -a_{n-1} \end{bmatrix}, \quad b_{cI} = \begin{bmatrix} 1 \\ 0 \\ \vdots \\ 0 \end{bmatrix}$$

$$C_{cI} = \begin{bmatrix} \beta_0 & \beta_1 & \cdots & \beta_{n-1} \end{bmatrix}$$

式中，

$$\begin{cases} \beta_0 = cb \\ \beta_1 = cAb \\ \vdots \\ \beta_{n-1} = cA^{n-1}B \end{cases}$$

能控标准 II 型的变换矩阵为

$$T_{cII} = [A^{n-1}b, A^{n-2}, \cdots, Ab, b] \cdot \begin{bmatrix} 1 & & & \\ a_{n-1} & 1 & & \\ \vdots & \ddots & \ddots & \\ a_1 & \cdots & a_{n-1} & 1 \end{bmatrix}$$

变换结果为

$$A_{c\text{II}} = \begin{bmatrix} 0 & 1 & & \\ \vdots & & \ddots & \\ 0 & & & 0 \\ -a_0 & -a_1 & \cdots & -a_{n-1} \end{bmatrix}, \quad b_{c\text{II}} = \begin{bmatrix} 0 \\ \vdots \\ 0 \\ 1 \end{bmatrix}$$

$$C_{c\text{I}} = \begin{bmatrix} \beta_0 & \beta_1 & \cdots & \beta_{n-1} \end{bmatrix}$$

式中，

$$\begin{cases} \beta_0 = c(A^{n-1}b + a_{n-1}A^{n-2}b + \cdots + a_1 b) \\ \beta_1 = c(A^{n-2}b + a_{n-1}A^{n-3}b + \cdots + a_2 b) \\ \beta_{n-2} = c(Ab + a_{n-1}b) \\ \beta_{n-1} = cb \end{cases}$$

3. 能观测标准型

如果系统状态是完全能观测的，可以通过线性非奇异变换得到能观测标准型。

（1）能观标准 I 型，变换距离为

$$T_{o\text{I}} = \begin{bmatrix} c \\ cA \\ \vdots \\ cA^{n-1} \end{bmatrix}$$

变换结果为

$$A_{o\text{I}} = \begin{bmatrix} 0 & 1 & & \\ \vdots & & \ddots & \\ 0 & & & 1 \\ -a_0 & -a_1 & \cdots & -a_{n-1} \end{bmatrix}, \quad B_{o\text{I}} = \begin{bmatrix} \beta_0 \\ \beta_1 \\ \vdots \\ \beta_{n-1} \end{bmatrix}, \quad C_{o\text{I}} = \begin{bmatrix} 1 & 0 & \cdots & 0 \end{bmatrix}$$

（2）能观标准 II 型，变换矩阵为

$$T_{o\text{II}}^{-1} = \begin{bmatrix} 1 & a_{n-1} & \cdots & a_1 \\ & 1 & \ddots & \vdots \\ & & \ddots & a_{n-1} \\ & & & 1 \end{bmatrix} \begin{bmatrix} cA^{n-1} \\ \vdots \\ cA \\ c \end{bmatrix}$$

变换结果为

$$T_{o\text{II}} = \begin{bmatrix} 0 & \cdots & 0 & -a_0 \\ 1 & & & -a_1 \\ & \ddots & & \vdots \\ & & 1 & -a_{n-1} \end{bmatrix}, \quad B_{o\text{II}} = \begin{bmatrix} \beta_0 \\ \beta_1 \\ \vdots \\ \beta_{n-1} \end{bmatrix}, \quad C_{o\text{II}} = \begin{bmatrix} 0 & 0 & \cdots & 1 \end{bmatrix}$$

MATLAB 函数：

Ad,Bd,Cd,Dd＝canon(A,B,C,D, companion)

得到的伴随矩阵标准型为上述能控标准 I 型，其他的标准型需要构造变换矩阵 **T** 得到。

四、实验内容

(1) 由 $[a,b,c,d]=\text{model}(n)$ 构造一个三阶系统，判别系统的能控性与观测性，并分别计算能控标准 I 型与能观标准 I 型。

(2) 给定系统：

num＝[1 3 2]；den＝[1 6 11 6]；

使用 M 函数 $[a,b,c,d]=\text{tf2ss}(\text{num},\text{den})$ 求得系统的状态空间方程，判别系统的能控性与能观测性并讨论。

(3) 给定系统的开环传递函数为

$$G(s)=\frac{10(0.2s+1)}{s(0.1s+1)(0.5s+1)}$$

使用 M 函数 $[\text{nume},\text{dene}]=\text{cloop}(\text{num},\text{den},\text{sign})$ 作单位负反馈；使用 M 函数 $[a,b,c,d]=\text{ss2ss}(\text{num},\text{den})$ 求得单位负反馈系统的状态空间方程；使用 M 函数 $[At,Bt,Ct,Dt]=\text{ss2ss}(A,B,C,D,T)$ 作线性变换，将系统变换为能控标准 II 型，变换矩阵 $\boldsymbol{T}_{\text{c II}}$ 为

$$\boldsymbol{T}_{\text{c II}}=[A^{n-1}b,\ A^{n-2}b,\ \cdots,\ Ab,\ b]\begin{bmatrix} 1 & & & \\ a_{n-1} & 1 & & \\ \vdots & & \ddots & \\ & \ddots & & \ddots \\ a_1 & \cdots & a_{n-1} & 1 \end{bmatrix}$$

五、实验报告要求

按时完成实验报告。

5.22 线性二次型最优控制器设计

一、实验目的

设计线性二次型最优控制器。

二、实验仿真工具

MATLAB 4.2 计算机仿真语言。

三、实验使用的 MATLAB 函数

$[K,P,E]=\text{lqr}(A,B,Q,R)$

$[K,P,E]=\text{lqr}(A,B;Q,R,N)$

函数功能：性能指标 $=\displaystyle\int_0^{\infty}\left[\boldsymbol{x}^{\text{T}}(t)\boldsymbol{Q}\boldsymbol{x}(t)+\boldsymbol{u}^{\text{T}}(t)\boldsymbol{R}\boldsymbol{u}(t)\right]\,dt$

带运动约束与控制约束的二次型最优控制：

$$\boldsymbol{U}=-\boldsymbol{K}\boldsymbol{x}$$

的状态反馈矩阵 $\boldsymbol{K}$ 求解函数，同时给出代数 Riccati 方程的解 $\boldsymbol{P}$，并满足的特征值 $\boldsymbol{E}$。

$$E = \mathrm{eig}(A - B * K)$$

格式 1：给定系统矩阵参数 A、B 和二次型约束矩阵 Q、R，计算线性二次型最优控制状态反馈矩阵 K、代数 Riccati 方程的解 P 和特征值 E。

格式 2：增加状态与控制交叉项约束矩阵 N，例如：

$$\int = \int_0^\infty \left[\boldsymbol{x}^{\mathrm{T}}(t)\boldsymbol{Q}\boldsymbol{x}(t) + \boldsymbol{u}^{\mathrm{T}}(t)\boldsymbol{R}\boldsymbol{u}(t) + 2\boldsymbol{x}^{\mathrm{T}}(t)\boldsymbol{N}\boldsymbol{u}(t) \right] \mathrm{d}t$$

[K,S]=lqr2(A,B,Q,R)

[K,S]=lqr2(A,B;Q,R,N)

函数功能：与函数 lqr() 的功能相同，但是所用的算法不同。函数 lqr() 使用特征分解算法，而函数 lqr2() 使用了 Schur 分解算法，具有较高的数值计算。

$$x = \mathrm{are}(A, B, C)$$

函数功能：代数 Riccati 方程求解函数。方程为

$$A^{\mathrm{T}}x + xA - xBx + C = 0$$

式中，x 为代数 Riccati 方程的解矩阵；B 为非负矩阵，C 为对称矩阵。

四、实验内容

给定系统的开环传递函数为

$$G(s) = \frac{10(0.1s + 1)}{s^2(s+1)}$$

考察原系统的性能，并用线性二次型最优控制方法设计状态反馈控制律。

五、实验步骤

(1) 作原系统的波特图，计算稳态裕度并作原系统频率特性分析。

(2) 采用线性二次型最优控制方法，初步设计状态反馈控制律。状态加权矩阵 Q 取单位矩阵，控制加权矩阵取 $R=1$，程序为

n1=10 * [0.1 1];d1=[1 1 0 0];

[a,b,c,d]=tf2ss(n1,d1);

q=eye(size(a)); r=1;

[k,p,c]=lqr(a,b,q,r);

(3) 作时域仿真，得到系统初步设计的性能指标，即超调量 M_p 与过渡时间 t_s，其程序为

[k,p,c]=lqr(a,b,q,r);

aa=a-b * k;

[y,x,t]=step(a,a,b,c,d);

plot(t,y);

(4) 矩阵 Q 的元素大小和控制加权矩阵 R 的取值大小要满足超调量 $M_p < 5\%$ 和过渡时间 $t_s < 5$ s 的要求。

六、实验报告要求

完成实验设计的理论计算，并按照实验内容完成实验报告。

参 考 文 献

［1］ 孙亮. MATLAB 语言与控制系统仿真. 北京：北京工业大学出版社，2001.

［2］ 黄文梅，等. 系统仿真分析与设计：MATLAB 语言工程应用. 长沙：国防科技大学出版社，2001.

［3］ 梁虹，等. 信号与系统分析及 MATLAB 实现. 北京：电子工业出版社，2002.

［4］ 李国勇，谢克明. 控制系统数字仿真与 CAD. 北京：电子工业出版社，2003.

［5］ 陈在平. 控制系统计算机仿真与 CAD：MATLAB 语言应用. 天津：天津大学出版社，2001.

［6］ 何衍庆. 控制系统分析、设计和应用——MATLAB 语言的应用. 北京：化学工业出版社，2002.

［7］ 黄忠霖. 控制系统 MATLAB 计算及仿真. 2 版. 北京：国防工业出版社，2004.

［8］ 张晋格. 控制系统 CAD——基于 MATLAB 语言. 北京：机械工业出版社，2004.

［9］ 韩利竹，王华. MATLAB 电子仿真与应用. 北京：国防工业出版社，2001.

［10］ 楼顺天，陈生潭，等. MATLAB5. x 程序设计语言. 西安：西安电子科技大学出版社，2000.